2019

黑龙江省生态文明建设绿皮书
Green Book of Ecological Civilization Construction in Heilongjiang Province

黑龙江省生态文明建设发展报告

Development Report of Ecological Civilization
in Heilongjiang Province

刘经伟　刘伟杰　等　著

中国林业出版社
China Forestry Publishing House

图书在版编目(CIP)数据

2019黑龙江省生态文明建设发展报告／刘经伟等著.—北京：中国林业出版社，
2020.12

（黑龙江省生态文明建设绿皮书）

ISBN 978-7-5219-0941-8

Ⅰ.①2… Ⅱ.①刘… Ⅲ.①生态环境建设-研究报告-黑龙江省-2019

Ⅳ.①X321.235

中国版本图书馆 CIP 数据核字（2020）第 252799 号

中国林业出版社·自然保护分社（国家公园分社）

策划、责任编辑：许　玮

电　　话：(010)83143576

出版发行　中国林业出版社（100009　北京西城区德内大街刘海胡同 7 号）
　　　　　http：//www.forestry.gov.cn/lycb.html
印　　刷　河北京平诚乾印刷有限公司
版　　次　2021 年 1 月第 1 版
印　　次　2021 年 1 月第 1 次印刷
开　　本　787mm×1092mm　1/16
印　　张　13
字　　数　256 千字
定　　价　56.00 元

前 言

　　《2019黑龙江省生态文明建设发展报告》是黑龙江生态文明建设绿皮书系列的第二部，是黑龙江省生态文明建设与绿色发展智库开展关于黑龙江省生态文明建设状况调查研究的系列著作之一。

　　为了深入推动美丽龙江建设，黑龙江省生态文明建设与绿色发展智库(以下简称"智库")坚持每年组织"黑龙江省各地市生态文明建设评价"调研组，深入黑龙江省13个地市的机关、社区、企业、农村，通过发放问卷、座谈调研、走访调研等形式，对各地市生态文明建设情况进行调查研究。

　　本书作为黑龙江省全面的生态文明建设调研报告，凝聚着智库同仁的心血与汗水，也是黑龙江省生态文明建设与绿色发展智库坚持不懈为黑龙江省生态文明建设贡献力量的见证。在本书出版之际，再次向长期以来关心智库发展的领导、专家以及一直给与指导、支持的东北林业大学科学技术研究院致以诚挚感谢！

刘经伟

2021年春

目　录

前　言 ………………………………………………………………… 001

第一部分　黑龙江省各地市生态文明建设情况总体评价 ………… 001
　一、引言 …………………………………………………………… 002
　二、评价方法 ……………………………………………………… 002
　三、评价结果 ……………………………………………………… 004
　四、对策建议 ……………………………………………………… 006
第二部分　黑龙江省各地市生态文明建设情况分类评价 ………… 009
　第一章　各地市生态资源利用情况 ……………………………… 010
　　第一节　资源利用二级指标情况 ……………………………… 011
　　第二节　资源利用情况对比分析 ……………………………… 028
　　第三节　资源利用情况总体分析及对策建议 ………………… 036
　第二章　各地市生态环境保护情况 ……………………………… 042
　　第一节　生态环境保护状况二级指标分析 …………………… 043
　　第二节　生态环境保护状况对比分析 ………………………… 064
　　第三节　各地市生态环境保护总体分析及对策建议 ………… 073
　第三章　各地市政府生态文明重视程度 ………………………… 079
　　第一节　评价方法的改进 ……………………………………… 079
　　第二节　评价步骤与三级指标的确定 ………………………… 080
　　第三节　评价结果及分析 ……………………………………… 084
　　第四节　存在的问题及改进措施 ……………………………… 088
　第四章　各地市生态文明教育情况 ……………………………… 090
　　第一节　指标统计方法及分析 ………………………………… 090
　　第二节　生态义明教育对比分析 ……………………………… 113
　　第三节　生态文明教育改进措施 ……………………………… 115
　第五章　各地市生态文明建设公众参与情况 …………………… 117
　　第一节　评价办法及结果 ……………………………………… 117

第二节　指标总体分析 ·· 151

第三节　指标对比分析 ·· 159

第四节　公众参与生态文明建设情况及改进措施 ················· 162

第六章　各地市生态文明建设公众满意度 ····················· 166

第一节　指标统计方法及分析 ······································ 166

第二节　指标总体统计分析及结果 ································· 189

第三节　公众满意度对比分析 ······································ 195

第四节　提高各地市公众满意度的对策建议 ····················· 197

参考文献 ·· 200

后　记 ··· 201

第一部分

黑龙江省各地市生态文明建设情况总体评价

- 一、引言
- 二、评价方法
- 三、评价结果
- 四、对策建议

一、引言

2018 年，"黑龙江省生态文明建设与绿色发展智库"（以下简称"智库"）开展了黑龙江省生态文明建设发展评价研究，出版了黑龙江省生态文明建设绿皮书《黑龙江省生态文明建设发展报告》（2018）。在 2018 年研究的基础上，2019 年 8 月，"智库"调整了《黑龙江省各地市生态文明建设评价指标体系表》，重新设计了调研问卷和访谈提纲，组建"黑龙江省生态文明建设发展评估项目调研大队"，对黑龙江省生态文明建设进展情况进行了第二次调研。

本调研与东北林业大学 2019 年大学生志愿者暑期文化、科技、卫生"三下乡"社会实践活动相结合，作为大学生暑期"三下乡"活动的重要选题，获得了师生的广泛关注。经过全校招募和广泛选拔，调研大队共分成了 7 个小队，分赴黑龙江省 13 个地市进行现场调研。调研共发放问卷 2000 余份，访谈 100 余人，形成了 13 个地市的分调研报告和 25 万字的调研总报告。在学校组织的暑期社会实践活动评比中，社会实践大队 10 名指导教师获"优秀指导教师"称号、5 个团队获校"优秀团队"称号、3 名队员获"先进个人"称号、6 份报告获"优秀调研报告"奖、2 个视频获"优秀视频"奖。整个调研不仅得到了学校的充分肯定，而且产生较好社会影响，对于在全省普及生态文明知识，弘扬生态文明理念起到积极的促进作用。

以实地调研为基础，结合查阅《黑龙江统计年鉴》《黑龙江省环境状况公报》等资料，"智库"项目组开展了深入的分析，对比了 2018 年的研究结果，对黑龙江省各地市一年来的生态文明进展情况进行了评价。

二、评价方法

2018 年，项目组在反复征求专家意见的基础上，建立了《黑龙江省各地市生态文明建设评价体系》[1]，指标体系包括 8 个一级指标、41 个二级指标。2019 年，针对研究中反映出来的问题，项目组对指标体系进行了修改完善，形成了新的评价指标体系（见表 1）。

（一）评价指标的修正

首先，删除了两个对生态文明建设综合排名影响特别大的一级指标"生态文明建设突出贡献"和"生态环境事件"。由于这两个指标具有偶然性，在 2018 年的评价中，对各地市最后得分和排名影响巨大，项目组认为这不能完全反映当地生态文明建设实际情况，这两项指标设置不太合理，因此，在 2019 年的评价中，去掉了这两项一级指标，使一级指标数量下降为 6 个，目标类分值总分为 100 分，这样评价内容更为集中。其中目标类别"生态资源利用"和"生态环境保护"数据来源于《黑龙江统计年鉴》和《黑龙江省环境状况公报》，分值仍为 25 分和 35 分；"地方政府重视程度""生态文明教育""生态文明建设公众参与"和"生态文明建设满意度"四个目标类别数据来源于现场调研，分值均为 10 分。

其次，对部分二级指标及其权重进行了调整，第一个目标类别"生态资源利用"将"单位地区生产总值能耗"指标用"地区液化石油气用量"进行代替；第三个目标类别"地方政府重视程度"完全更换了二级指标和三级指标，重新确定了三级指标权重；第四个目标类别"生态文明教育"在 2018 年指标的基础上对二级指标和三级指标进行了重大调整，对指标权重也重新进行了计算。

表 1　黑龙江省各地市生态文明建设评价体系表

目标类别	目标类值	序号	二级指标	计量单位	权数（%）	数据来源
一、生态资源利用	25	1	地区液化石油气用量	t	4	黑龙江统计年鉴
		2	单位生产总值能耗下降率	%	4	黑龙江统计年鉴
		3	单位工业增加值能耗下降率	%	4	黑龙江统计年鉴
		4	单位地区生产总值电耗	kW·h/万元	2	黑龙江统计年鉴
		5	规模以上工业企业综合能源消费量	万吨标准煤	3	黑龙江统计年鉴
		6	生产用水量	万 m^3	2	黑龙江统计年鉴
		7	人均日生活用水量	L	3	黑龙江统计年鉴
		8	有效灌溉面积	千·hm^2	3	黑龙江统计年鉴
二、生态环境保护	35	9	地级及以上城市空气质量达标天数比率	%	4	黑龙江省环境状况公报
		10	地级及以上城市细颗粒物（$PM_{2.5}$）浓度	$\mu g/m^3$	4	黑龙江省环境状况公报
		11	地级及以上城市Ⅰ~Ⅲ类水质比例	%	3	黑龙江统计年鉴
		12	地级及以上城市废水排放量	万 t	3	黑龙江统计年鉴
		13	地级及以上城市化学需氧量 COD 排放量	t	2	黑龙江统计年鉴
		14	地级及以上城市氨氮排放量	t	2	黑龙江统计年鉴
		15	地级及以上城市二氧化硫排放量	t	2	黑龙江统计年鉴
		16	地级及以上城市氮氧化物排放量	t	2	黑龙江统计年鉴
		17	地级及以上城市烟粉排放量	t	2	黑龙江统计年鉴
		18	地级及以上城市园林绿地面积	hm^2	4	黑龙江统计年鉴
		19	地级及以上城市建成区绿化覆盖率	%	4	黑龙江统计年鉴
		20	地级及以上城市清扫保洁面积	万 m^2	3	黑龙江统计年鉴

（续）

目标类别	目标类 分值	序号	二级指标	计量单位	权数 （%）	数据来源
三、地方政 府重视程度	10	21	监督管理	%	2.93	现场调研
		22	服务与执行	%	2.74	现场调研
		23	制度建设	%	2.33	现场调研
		24	生产生活	%	2	现场调研
四、生态文 明教育	10	25	生态文明教育重视情况	%	3	现场调研
		26	生态文明意识培养情况	%	3	现场调研
		27	生态文明行为养成情况	%	2	现场调研
		28	生态文明教育保障情况	%	2	现场调研
五、生态文 明建设公众 参与	10	29	居民生态文明相关知识了解情况	%	2	现场调研
		30	居民生态文明习惯养成率	%	2	现场调研
		31	居民对参与生态文明建设的态度	%	2	现场调研
		32	居民生态文明宣传教育参与度	%	2	现场调研
		33	居民环境保护与监督的参与度	%	2	现场调研
六、生态文 明建设公众 满意程度	10	34	居民对空气质量的满意度	%	2	现场调研
		35	居民对水质的满意度	%	2	现场调研
		36	居民对本地生活环境改善的满意度	%	3	现场调研
		37	居民对政府生态文明建设工作的满意度	%	3	现场调研

（二）评价方法的更新

由于指标体系较为复杂，为了更加客观地反映黑龙江省生态文明建设情况，2019 年，尝试在目标类别"地方政府重视程度"的评价中使用了 SPSS 软件，通过软件对子系统各项三级指标进行分析，通过因子分析，得出各项指标的权重。

三、评价结果

（一）黑龙江省生态文明建设总体情况及各项指标情况

从表 2 可以看出，黑龙江省 13 地市生态文明建设平均分为 56.11 分，没有达到及格线，对于 2018 年的平均分 63.74 分，下降了 7.63 个百分点。

6 个指标中，只有"生态文明教育"和"生态文明建设公众满意度"两项指标得分率超过了 60%，分别为 64.11% 和 64.81%。其他指标得分率只有一半多一点。

"生态资源利用"指标平均得分 13.686 分，平均得分率 54.74%，与 2018 年 54.98% 的平均得分率基本持平。"生态资源利用"三级指标包括能耗、水耗等内容，短期内提高得分率是比较困难的。其中得分最高的是佳木斯市，为 17.149 分，最低的是大庆市，仅为 6.983 分。

表 2　各地市生态文明建设情况一览表

地市	生态资源利用	生态环境保护	地方政府重视程度	生态文明教育	生态文明建设公众参与	生态文明建设公众满意度	总分
大兴安岭	14.042	23.681	5.238	6.680	7.380	7.590	64.611
黑河	14.913	23.912	6.453	6.560	3.380	6.910	62.128
鸡西	15.221	17.290	5.929	7.170	9.540	6.900	62.050
佳木斯	17.149	20.062	4.801	5.930	4.310	5.910	58.162
牡丹江	14.066	18.907	5.138	6.490	6.770	6.730	58.101
鹤岗	14.297	18.703	4.342	6.710	7.850	5.780	57.682
七台河	13.373	18.753	5.323	6.790	5.540	6.200	55.979
伊春	8.756	22.526	4.684	6.510	5.690	7.080	55.246
双鸭山	16.222	17.598	4.301	5.940	4.920	5.740	54.721
绥化	13.297	16.393	6.882	6.810	3.850	6.240	53.472
齐齐哈尔	15.604	16.366	4.505	5.940	3.540	6.590	52.545
大庆	6.983	20.139	5.129	6.280	3.540	6.130	48.201
哈尔滨	13.989	11.773	4.072	5.530	4.770	6.450	46.584
总分	177.912	246.103	66.795	83.340	71.080	84.250	729.480
平均分	13.686	18.931	5.138	6.411	5.468	6.481	56.114
平均分占项目分值的比重(%)	54.74	54.09	51.38	64.11	54.68	64.81	56.11

"生态环境保护"指标平均得分 18.931 分，平均得分率 54.09%，远低于 2018 年 68.71%的平均得分率。此项指标涉及控制污染、美化环境等 12 项三级指标，说明一年来黑龙江省各地市在生态环境保护方面的工作有所退步。其中得分最高的是黑河市，为 23.912 分，最低为哈尔滨市，为 11.773 分，哈尔滨市作为省会城市，各类企业特别是工业企业较多，人口超千万，污染严重，这些现实情况都是导致这一结果的原因。

"地方政府重视程度"指标平均得分 5.138 分，平均得分率 51.38%。得分最高的是绥化市，为 6.882 分，最低的是哈尔滨市，仅为 4.072 分。

"生态文明教育"指标平均得分 6.411 分，平均得分率为 64.11%，略高于 2018 年平均 61.63%的得分率，说明黑龙江省各地市一年来在生态文明教育方面进展迅速。其中得分最高的是鸡西市，为 7.170 分，得分最低的是哈尔滨市，为 5.530 分。

"生态文明建设公众参与"指标平均得分 5.468 分，平均得分率为 54.68%，与 2018 年 53.96%的平均得分率相比，略有提高，这一数据让人欣喜。得分最高的是鸡西市，为9.54分，几乎接近满分，最低的是黑河市，只有3.38分。

"生态文明建设公众满意度"指标平均得分6.481分，平均得分率为64.81%，与2018年67.75%的平均得分率相比，下降了近3个百分点。尽管数值略有下降，但满意度最高的地市仍为大兴安岭，为7.590分，最低的为双鸭山市，仅有5.74分，而2018年满意度最低的是双鸭山市，为5.740分。

(二)各地市生态文明建设情况

从图1可以看出，2019年，黑龙江省各地市生态文明建设得分情况差异较大，最高分为大兴安岭地区，为64.611分，最低为哈尔滨市，为46.584分。无论是最高分还是最低分，与2018年相比都低于去年。出现这样的情况一方面可能与更换了"地方政府重视程度"指标内容和计算方法有关，也可能与去掉了"生态文明建设突出贡献"和"生态环境事件"两个加减分项有关。哈尔滨市之所以排在最后一名，主要原因在于其"生态环境保护""地方政府重视程度"和"生态文明教育"三项指标均排在13地市之末。

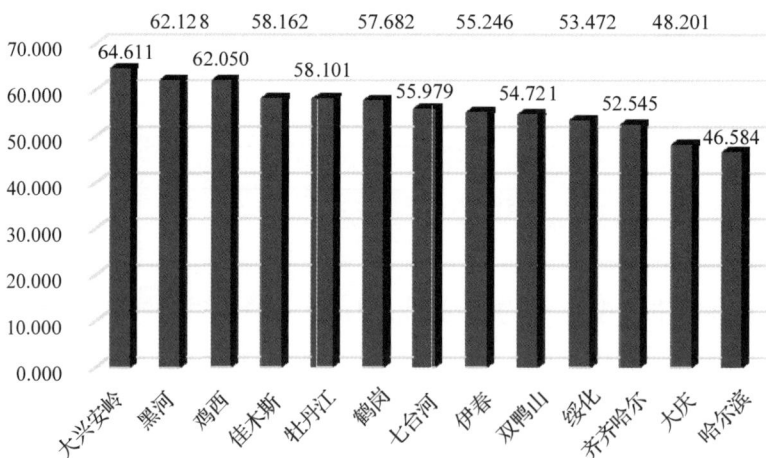

图1　黑龙江省各地市生态文明建设得分情况

四、对策建议

习近平指出，"加快解决历史交汇期的生态环境问题，必须加快建立健全以生态价值观念为准则的生态文化体系，以产业生态化和生态产业化为主体的生态经济体系，以改善生态环境质量为核心的目标责任体系，以治理体系和治理能力现代化为保障的生态文明制度体系，以生态系统良性循环和环境风险有效防控为重点的生态安全体系。"[1]生态文明建设需要长期的发展过程，短期内难以见到明显成效，有时可能还会有反复，因此，黑龙江省在生态文明建设过程中，一方面要紧跟时代步伐，加快建设具有地方特色的生态文化体系、生态经济体系、生态文明制度体系和生态安全体系等；另一方面，也要针对短板，不断解决发展中出现的问题，实现可持续发展。

生态文明建设评价指标体系伴随着我国生态文明建设而生，目前正处于不断发展完善过程中。"智库"在2018年经验的基础上，对评价指标体系进行了修正，以期能够更加全面准确地反映黑龙江省各地市生态文明建设的现状。经过调整我们发现，"各地市地方政府生态文明重视程度"得分明显下降，可见，指标的选择和权重的确定非常关键，应用不同的评价指标往往会得到不同的结论。2020年，"智库"拟应用层次分析法和德尔菲法，在前两年研究成果的基础上，对评价指标体系再次进行修正，以期得到更加科学准确的评价结论。

第二部分

黑龙江省各地市生态文明建设情况分类评价

- 第一章　各地市生态资源利用情况
- 第二章　各地市生态环境保护情况
- 第三章　各地市政府生态文明重视程度
- 第四章　各地市生态文明教育情况
- 第五章　各地市生态文明建设公众参与情况
- 第六章　各地市生态文明建设公众满意度

第一章
各地市生态资源利用情况

习近平总书记在党的十九大报告中强调，"要牢固树立社会主义生态文明观""推进资源全面节约和循环利用"，并针对一些当前突出的生态环境问题进一步完善政策，提出诸多强而有效的措施，为促进生态文明建设持续取得新进展明确了方向。近年来，随着我国经济的高速发展和工业化进程的不断深入，日益严重的环境污染和资源能源危机已对人类的生存和社会的发展构成威胁。提高资源利用效率是在国家实现经济结构优化转型期，充分践行生态文明要求的必由之路和必要选择。随着近年来黑龙江省持续推进的产业结构调整和生产方式转型，全省各地资源利用减量增效进步明显，但是资源能源消耗总量巨大，导致污染物排放量高位运行等问题仍然存在，一定程度上限制了协调发展能力的提升。可喜的是，黑龙江省内资源能源利用效率不断提高，单位国内生产总值资源能源消耗量呈下降态势，为生态文明建设和发展提供了可能。

本章研究对象为黑龙江省各地市资源利用情况，下设八项二级指标：1. 地区液化石油气用量（t）；2. 单位生产总值能耗下降率（%）；3. 单位工业增加值能耗下降率（%）；4. 单位地区生产总值电耗（kW·h/万元）；5. 规模以上工业企业综合能源消费量（万吨标准煤）；6. 生产用水量（万 m³）；7. 人均日生活用水量（L）；8. 有效灌溉面积（千 hm²）。

本章数据主要来源为黑龙江省 2014 年至 2018 年统计年鉴中 2013 年度至 2017 年度统计数据，其中个别地市如大兴安岭存在数据缺失的情况，为保证数据来源统一，将在下一年度省统计年鉴正式出版后进行更新。经过对数据的分析研究，主要通过以下两个层面对黑龙江省 13 个地市地资源利用情况进行分析和比对。

一是分别对黑龙江省 13 个地市的二级指标进行分析整理，以图表形式展示。此部分图表的二级指标栏目中 1 代表地区液化石油气用量（t）；2 代表单位生产总值能耗下降率（%）；3 代表单位工业增加值能耗下降率（%）；4 代表单位地区生产总值电耗（kW·h/万元）；5 代表规模以上工业企业综合能源消费量（万吨标准煤)；6代表生产用水量(万 m³)；7代表人均日生活用水量(L)；8代表有效灌溉面积(千 hm²)。得分情况说明：一是资源利用情况在总调查中的目标分值为25分，在13地市的得分设置中，给排名第1位的赋值该项目所占权重的满分，每下降一位依次减少该权重的1/13分，并列名次取相同分数，最后得到总分值，在第二部分进行统一对比分析；排名依据以生态文明向好为优。二是对黑龙江省13地市的资源利用情况进行对比分析，以图表形式展示。

第一节　资源利用二级指标情况

一、哈尔滨市资源利用情况二级指标单项分析结果

(一)哈尔滨市液化石油气用量(t)

表 1-1　哈尔滨市液化石油气用量(t)

年度	2013	2014	2015	2016	2017
数值	69350	78000	72000	74550	70280

(二)哈尔滨市单位生产总值能耗下降率(%)

表 1-2　哈尔滨市单位生产总值能耗下降率(%)

年度	2013	2014	2015	2016	2017
数值	-4.6	-4.84	-3.11	-3.31	-4.86

(三)哈尔滨市单位工业增加值能耗下降率(%)

表 1-3　哈尔滨市单位工业增加值能耗下降率(%)

年度	2013	2014	2015	2016	2017
数值	-13.2	-12.19	-10.52	-3.63	-13.53

(四)哈尔滨市单位地区生产总值电耗(kW·h/万元)

表 1-4　哈尔滨市单位地区生产总值电耗(kW·h/万元)

年度	2013	2014	2015	2016	2017
数值	400.7	380.4	356.3	348.8	336.8

(五)哈尔滨市规模以上工业企业综合能源消费量(万吨标准煤)

表1-5 哈尔滨市规模以上工业企业综合能源消费量(万吨标准煤)

年度	2013	2014	2015	2016	2017
数值	829.8	713.8	715.3	715.6	609.8

(六)哈尔滨市生产用水量(万 m^3)

表1-6 哈尔滨市生产用水量(万 m^3)

年度	2013	2014	2015	2016	2017
数值	2058.2	6089.6	5829.1	5672.6	5393.8

(七)哈尔滨市人均日生活用水量(L)

表1-7 哈尔滨市人均日生活用水量(L)

年度	2013	2014	2015	2016	2017
数值	146.8	131.2	135	131.6	137.6

(八)哈尔滨市有效灌溉面积(千 hm^2)

表1-8 哈尔滨市有效灌溉面积(千 hm^2)

年度	2013	2014	2015	2016	2017
数值	728.6	738.7	745.7	785.3	792.8

二、齐齐哈尔市资源利用情况二级指标单项分析结果

(一)齐齐哈尔市液化石油气用量(t)

表1-9 齐齐哈尔市液化石油气用量(t)

年度	2013	2014	2015	2016	2017
数值	6500	5000	4700	7285	8105

(二)齐齐哈尔市单位生产总值能耗下降率(%)

表1-10 齐齐哈尔市单位生产总值能耗下降率(%)

年度	2013	2014	2015	2016	2017
数值	-6.07	-8.78	-10.08	-7.29	-3.63

(三)齐齐哈尔市单位工业增加值能耗下降率(%)

表1-11 齐齐哈尔市单位工业增加值能耗下降率(%)

年度	2013	2014	2015	2016	2017
数值	−16.79	−3.74	−10.14	−21.77	−6.72

(四)齐齐哈尔市单位地区生产总值电耗(kW·h/万元)

表1-12 齐齐哈尔市单位市地区生产总值电耗(kW·h/万元)

年度	2013	2014	2015	2016	2017
数值	633.7	605.3	612.3	602	580.6

(五)齐齐哈尔市规模以上工业企业综合能源消费量(万吨标准煤)

表1-13 齐齐哈尔市规模以上工业企业综合能源消费量(万吨标准煤)

年度	2013	2014	2015	2016	2017
数值	515.6	503.7	469.9	384.7	390.3

(六)齐齐哈尔市生产用水量(万 m^3)

表1-14 齐齐哈尔市生产用水量(万 m^3)

年度	2013	2014	2015	2016	2017
数值	2058.2	2371.8	2162.6	1389	1143.1

(七)齐齐哈尔市人均日生活用水量(L)

表1-15 齐齐哈尔市人均日生活用水量(L)

年度	2013	2014	2015	2016	2017
数值	111.6	101.2	100.1	109.4	120.0

(八)齐齐哈尔市有效灌溉面积(千 hm^2)

表1-16 齐齐哈尔市有效灌溉面积(千 hm^2)

年度	2013	2014	2015	2016	2017
数值	624.2	612.9	675.1	849.8	856.1

三、鸡西市资源利用情况二级指标单项分析结果

(一)鸡西市液化石油气用量(t)

表 1-17　鸡西市液化石油气用量(t)

年度	2013	2014	2015	2016	2017
数值	5526	6391	5852	5005	10575

(二)鸡西市单位生产总值能耗下降率(%)

表 1-18　鸡西市单位生产总值能耗下降率(%)

年度	2013	2014	2015	2016	2017
数值	−5.35	−4.69	−1.53	−7.34	−5.04

(三)鸡西市单位工业增加值能耗下降率(%)

表 1-19　鸡西市单位工业增加值能耗下降率(%)

年度	2013	2014	2015	2016	2017
数值	−11.04	−15.85	−10.6	−18.26	−6.03

(四)鸡西市单位地区生产总值电耗(kW·h/万元)

表 1-20　鸡西市单位地区生产总值电耗(kW·h/万元)

年度	2013	2014	2015	2016	2017
数值	844.4	790.5	737	767.4	759.7

(五)鸡西市规模以上工业企业综合能源消费量(万吨标准煤)

表 1-21　鸡西市规模以上工业企业综合能源消费量(万吨标准煤)

年度	2013	2014	2015	2016	2017
数值	410	305.6	282.3	245.9	250.6

(六)鸡西市生产用水量(万 m³)

表 1-22　鸡西市生产用水量(万 m³)

年度	2013	2014	2015	2016	2017
数值	2350	2352.2	2262.8	2188.5	1461.1

（七）鸡西市人均日生活用水量（L）

表 1-23　鸡西市人均日生活用水量（L）

年度	2013	2014	2015	2016	2017
数值	151.1	150.3	100.6	100.3	66.8

（八）鸡西市有效灌溉面积（千 hm²）

表 1-24　鸡西市有效灌溉面积（千 hm²）

年度	2013	2014	2015	2016	2017
数值	166.1	161.9	161.5	166.9	169.8

四、鹤岗市资源利用情况二级指标单项分析结果

（一）鹤岗市液化石油气用量（t）

表 1-25　鹤岗市液化石油气用量（t）

年度	2013	2014	2015	2016	2017
数值	7774	7778	7782	6436	5502

（二）鹤岗市单位生产总值能耗下降率（%）

表 1-26　鹤岗市单位生产总值能耗下降率（%）

年度	2013	2014	2015	2016	2017
数值	-4.21	-4.36	-4.18	-3.85	-3.63

（三）鹤岗市单位工业增加值能耗下降率（%）

表 1-27　鹤岗市单位工业增加值能耗下降率（%）

年度	2013	2014	2015	2016	2017
数值	7.77	24.96	-9.52	16.76	-7.37

（四）鹤岗市单位地区生产总值电耗（kW·h/万元）

表 1-28　鹤岗市单位地区生产总值电耗（kW·h/万元）

年度	2013	2014	2015	2016	2017
数值	1269.1	1362.6	1383.8	1525	1464.2

（五）鹤岗市规模以上工业企业综合能源消费量（万吨标准煤）

表 1-29　鹤岗市规模以上工业企业综合能源消费量（万吨标准煤）

年度	2013	2014	2015	2016	2017
数值	265.7	199	190.6	272.1	290.1

（六）鹤岗市生产用水量（万 m^3）

表 1-30　鹤岗市生产用水量（万 m^3）

年度	2013	2014	2015	2016	2017
数值	1990.2	1813.4	1426.6	1380.7	1426.6

（七）鹤岗市人均日生活用水量（L）

表 1-31　鹤岗市人均日生活用水量（L）

年度	2013	2014	2015	2016	2017
数值	99.8	87.7	84.9	87.6	88.9

（八）鹤岗市有效灌溉面积（千 hm^2）

表 1-32　鹤岗市有效灌溉面积（千 hm^2）

年度	2013	2014	2015	2016	2017
数值	147.6	146	145.4	156.2	140.7

五、双鸭山市资源利用情况二级指标单项分析结果

（一）双鸭山市液化石油气用量（t）

表 1-33　双鸭山市液化石油气用量（t）

年度	2013	2014	2015	2016	2017
数值	4000	3250	3250	3260	4360

（二）双鸭山市单位生产总值能耗下降率（%）

表 1-34　双鸭山市单位生产总值能耗下降率（%）

年度	2013	2014	2015	2016	2017
数值	-4.52	-4.06	-2.51	-4.03	-4.01

(三)双鸭山市单位工业增加值能耗下降率(%)

表1-35　双鸭山市单位工业增加值能耗下降率(%)

年度	2013	2014	2015	2016	2017
数值	-2.6	74.75	1.62	12.6	-10.79

(四)双鸭山市单位地区生产总值电耗(kW·h/万元)

表1-36　双鸭山市单位地区生产总值电耗(kW·h/万元)

年度	2013	2014	2015	2016	2017
数值	884.6	991.9	1087.4	1037.9	1017.8

(五)双鸭山市规模以上工业企业综合能源消费量(万吨标准煤)

表1-37　双鸭山市规模以上工业企业综合能源消费量(万吨标准煤)

年度	2013	2014	2015	2016	2017
数值	436.2	392.8	372.3	402.2	377

(六)双鸭山市生产用水量(万 m³)

表1-38　双鸭山市生产用水量(万 m³)

年度	2013	2014	2015	2016	2017
数值	678	678	678	802	423

(七)双鸭山市人均日生活用水量(L)

表1-39　双鸭山市人均日生活用水量(L)

年度	2013	2014	2015	2016	2017
数值	101.7	101.7	100.2	116.8	104.3

(八)双鸭山市有效灌溉面积(千 hm²)

表1-40　双鸭山市有效灌溉面积(千 hm²)

年度	2013	2014	2015	2016	2017
数值	82.7	88.5	96.7	101.7	107.6

六、大庆市资源利用情况二级指标单项分析结果

(一)大庆市液化石油气用量(t)

表 1-41 大庆市液化石油气用量(t)

年度	2013	2014	2015	2016	2017
数值	11237	9319	7593	5984	5674

(二)大庆市单位生产总值能耗下降率(%)

表 1-42 大庆市单位生产总值能耗下降率(%)

年度	2013	2014	2015	2016	2017
数值	-3.52	-3.3	-2.51	-3.2	-3.2

(三)大庆市单位工业增加值能耗下降率(%)

表 1-43 大庆市单位工业增加值能耗下降率(%)

年度	2013	2014	2015	2016	2017
数值	-0.35	8.48	-4.33	7.22	3.05

(四)大庆市单位地区生产总值电耗(kW·h/万元)

表 1-44 大庆市单位地区生产总值电耗(kW·h/万元)

年度	2013	2014	2015	2016	2017
数值	601.6	579.4	585.3	779.7	762

(五)大庆市规模以上工业企业综合能源消费量(万吨标准煤)

表 1-45 大庆市规模以上工业企业综合能源消费量(万吨标准煤)

年度	2013	2014	2015	2016	2017
数值	1600.6	1749.5	1593.6	1658.1	1714.4

(六)大庆市生产用水量(万 m³)

表 1-46 大庆市生产用水量(万 m³)

年度	2013	2014	2015	2016	2017
数值	20166.4	19282.1	18029.9	18652.1	17824.6

（七）大庆市人均日生活用水量（L）

表 1-47　大庆市人均日生活用水量（L）

年度	2013	2014	2015	2016	2017
数值	115.2	139.3	116.4	113.7	145.8

（八）大庆市有效灌溉面积（千 hm^2）

表 1-48　大庆市有效灌溉面积（千 hm^2）

年度	2013	2014	2015	2016	2017
数值	473	433.6	462.3	540	524.7

七、伊春市资源利用情况二级指标单项分析结果

（一）伊春市液化石油气用量（t）

表 1-49　伊春市液化石油气用量（t）

年度	2013	2014	2015	2016	2017
数值	8578	8619	14614	14642	14512

（二）伊春市单位生产总值能耗下降率（%）

表 1-50　伊春市单位生产总值能耗下降率（%）

年度	2013	2014	2015	2016	2017
数值	-3.25	-3.95	-2.19	-3.55	8.3

（三）伊春市单位工业增加值能耗下降率（%）

表 1-51　伊春市单位工业增加值能耗下降率（%）

年度	2013	2014	2015	2016	2017
数值	5.47	-6.63	10.16	26.23	17.31

（四）伊春市单位地区生产总值电耗（kW·h/万元）

表 1-52　伊春市单位地区生产总值电耗（kW·h/万元）

年度	2013	2014	2015	2016	2017
数值	839.3	827	964.2	875.7	864.8

(五)伊春市规模以上工业企业综合能源消费量(万吨标准煤)

表 1-53 伊春市规模以上工业企业综合能源消费量(万吨标准煤)

年度	2013	2014	2015	2016	2017
数值	211.5	134.2	124.7	161.9	217.5

(六)伊春市生产用水量(万 m^3)

表 1-54 伊春市生产用水量(万 m^3)

年度	2013	2014	2015	2016	2017
数值	2052.3	1985.1	1498.4	1310	1312.4

(七)伊春市人均日生活用水量(L)

表 1-55 伊春市人均日生活用水量(L)

年度	2013	2014	2015	2016	2017
数值	96.1	96.7	93.2	84.4	84.4

(八)伊春市有效灌溉面积(千 hm^2)

表 1-56 伊春市有效灌溉面积(千 hm^2)

年度	2013	2014	2015	2016	2017
数值	48.2	50.4	48.8	52.6	51.2

八、佳木斯市资源利用情况二级指标单项分析结果

(一)佳木斯市液化石油气用量(t)

表 1-57 佳木斯市液化石油气用量(t)

年度	2013	2014	2015	2016	2017
数值	23700	6000	6000	5950	5550

(二)佳木斯市单位生产总值能耗下降率(%)

表 1-58 佳木斯市单位生产总值能耗下降率(%)

年度	2013	2014	2015	2016	2017
数值	-3.83	-3.52	-3.11	-5.30	-5.11

(三)佳木斯市单位工业增加值能耗下降率(%)

表 1-59　佳木斯市单位工业增加值能耗下降率(%)

年度	2013	2014	2015	2016	2017
数值	−21.69	−11.95	5.69	−2.69	1.94

(四)佳木斯市单位地区生产总值电耗(kW·h/万元)

表 1-60　佳木斯市单位地区生产总值电耗(kW·h/万元)

年度	2013	2014	2015	2016	2017
数值	546.4	504.9	481.1	467.0	404.5

(五)佳木斯市规模以上工业企业综合能源消费量(万吨标准煤)

表 1-61　佳木斯市规模以上工业企业综合能源消费量(万吨标准煤)

年度	2013	2014	2015	2016	2017
数值	166.6	153.1	144.1	138.7	146.2

(六)佳木斯市生产用水量(万 m^3)

表 1-62　佳木斯市生产用水量(万 m^3)

年度	2013	2014	2015	2016	2017
数值	2226.0	2167.9	1499.7	1519.6	1250.1

(七)佳木斯市人均日生活用水量(L)

表 1-63　佳木斯市人均日生活用水量(L)

年度	2013	2014	2015	2016	2017
数值	103	100.6	112.8	123.7	112.3

(八)佳木斯市有效灌溉面积(千 hm^2)

表 1-64　佳木斯市有效灌溉面积(千 hm^2)

年度	2013	2014	2015	2016	2017
数值	444.8	462.8	458.7	462.2	468.7

九、七台河市资源利用情况二级指标单项分析结果

(一)七台河市液化石油气用量(t)

表 1-65　七台河市液化石油气用量(t)

年度	2013	2014	2015	2016	2017
数值	2460	1548	1311	1414	1430

(二)七台河市单位生产总值能耗下降率(%)

表 1-66　七台河市单位生产总值能耗下降率(%)

年度	2013	2014	2015	2016	2017
数值	-4.50	-4.30	-4.34	-4.51	-4.05

(三)七台河市单位工业增加值能耗下降率(%)

表 1-67　七台河市单位工业增加值能耗下降率(%)

年度	2013	2014	2015	2016	2017
数值	10.72	3.99	-6.04	-3.31	-4.32

(四)七台河市单位地区生产总值电耗(kW·h/万元)

表 1-68　七台河市单位地区生产总值电耗(kW·h/万元)

年度	2013	2014	2015	2016	2017
数值	984.2	956.4	876.5	1142.6	1131.1

(五)七台河市规模以上工业企业综合能源消费量(万吨标准煤)

表 1-69　七台河市规模以上工业企业综合能源消费量(万吨标准煤)

年度	2013	2014	2015	2016	2017
数值	427.1	442.8	427.3	411.9	416.4

(六)七台河市生产用水量(万 m³)

表 1-70　七台河市生产用水量(万 m³)

年度	2013	2014	2015	2016	2017
数值	2191.0	2919.0	2930.5	2153.0	1361.7

（七）七台河市人均日生活用水量（L）

表 1-71　七台河市人均日生活用水量（L）

年度	2013	2014	2015	2016	2017
数值	88.9	89.3	92.5	95.2	101.2

（八）七台河市有效灌溉面积（千 hm²）

表 1-72　七台河有效灌溉面积（千 hm²）

年度	2013	2014	2015	2016	2017
数值	19.7	19.2	19.6	19.6	20.7

十、牡丹江市资源利用情况二级指标单项分析结果

（一）牡丹江市液化石油气用量（t）

表 1-73　牡丹江市液化石油气用量（t）

年度	2013	2014	2015	2016	2017
数值	18041	18021	17841	10960	8814

（二）牡丹江市单位生产总值能耗下降率（%）

表 1-74　牡丹江市单位生产总值能耗下降率（%）

年度	2013	2014	2015	2016	2017
数值	-3.81	-3.79	-4.01	-3.63	-3.64

（三）牡丹江市单位工业增加值能耗下降率（%）

表 1-75　牡丹江市单位工业增加值能耗下降率（%）

年度	2013	2014	2015	2016	2017
数值	-24.95	-27.80	-10.04	-6.74	-9.18

（四）牡丹江市单位地区生产总值电耗（kW·h/万元）

表 1-76　牡丹江市单位地区生产总值电耗（kW·h/万元）

年度	2013	2014	2015	2016	2017
数值	441.9	399.5	362.8	346.9	342.4

(五)牡丹江市规模以上工业企业综合能源消费量(万吨标准煤)

表 1-77　牡丹江市规模以上工业企业综合能源消费量(万吨标准煤)

年度	2013	2014	2015	2016	2017
数值	260.2	203.2	191.1	189.5	172.1

(六)牡丹江市生产用水量(万 m^3)

表 1-78　牡丹江市生产用水量(万 m^3)

年度	2013	2014	2015	2016	2017
数值	15268.5	16394.5	16325.9	9704.7	9619.1

(七)牡丹江市人均日生活用水量(L)

表 1-79　牡丹江市人均日生活用水量(L)

年度	2013	2014	2015	2016	2017
数值	92.4	106.9	109.0	116.8	126.8

(八)牡丹江市有效灌溉面积(千 hm^2)

表 1-80　牡丹江市有效灌溉面积(千 hm^2)

年度	2013	2014	2015	2016	2017
数值	83.1	84.2	92.2	100.7	103

十一、黑河市资源利用情况二级指标单项分析结果

(一)黑河市液化石油气用量(t)

表 1-81　黑河市液化石油气用量(t)

年度	2013	2014	2015	2016	2017
数值	1400	2320	2400	2544	2580

(二)黑河市单位生产总值能耗下降率(%)

表 1-82　黑河市单位生产总值能耗下降率(%)

年度	2013	2014	2015	2016	2017
数值	-3.42	-3.42	-3.09	-8.99	-2.88

(三)黑河市单位工业增加值能耗下降率(%)

表 1-83　黑河市单位工业增加值能耗下降率(%)

年度	2013	2014	2015	2016	2017
数值	-11.66	-5.30	-0.91	-12.54	-4.59

(四)黑河市单位地区生产总值电耗(kW·h/万元)

表 1-84　黑河市单位地区生产总值电耗(kW·h/万元)

年度	2013	2014	2015	2016	2017
数值	990.5	961.1	831.2	611.0	581.4

(五)黑河市规模以上工业企业综合能源消费量(万吨标准煤)

表 1-85　黑河市规模以上工业企业综合能源消费量(万吨标准煤)

年度	2013	2014	2015	2016	2017
数值	89.5	87.6	90.3	81.1	78.4

(六)黑河市生产用水量(万 m³)

表 1-86　黑河市生产用水量(万 m³)

年度	2013	2014	2015	2016	2017
数值	317.0	295.0	196.4	169.0	171.0

(七)黑河市人均日生活用水量(L)

表 1-87　黑河市人均日生活用水量(L)

年度	2013	2014	2015	2016	2017
数值	94.6	93.9	98.5	102.6	90.3

(八)黑河市有效灌溉面积(千 hm²)

表 1-88　黑河市有效灌溉面积(千 hm²)

年度	2013	2014	2015	2016	2017
数值	62.5	66.6	84.2	92.2	89.6

十二、绥化市资源利用情况二级指标单项分析结果

(一)绥化市液化石油气用量(t)

表 1-89　绥化市液化石油气用量(t)

年度	2013	2014	2015	2016	2017
数值	4700	13000	12000	10298	4505

(二)绥化市单位生产总值能耗下降率(%)

表 1-90　绥化市单位生产总值能耗下降率(%)

年度	2013	2014	2015	2016	2017
数值	-3.23	-3.45	-3.42	-3.31	-3.40

(三)绥化市单位工业增加值能耗下降率(%)

表 1-91　绥化市单位工业增加值能耗下降率(%)

年度	2013	2014	2015	2016	2017
数值	-13.32	-9.67	-5.66	-5.93	-3.06

(四)绥化市单位地区生产总值电耗(kW·h/万元)

表 1-92　绥化市单位地区生产总值电耗(kW·h/万元)

年度	2013	2014	2015	2016	2017
数值	463.5	479.9	486.3	462.1	419.2

(五)绥化市规模以上工业企业综合能源消费量(万吨标准煤)

表 1-93　绥化市规模以上工业企业综合能源消费量(万吨标准煤)

年度	2013	2014	2015	2016	2017
数值	181.9	191.1	217.0	234.7	239.8

(六)绥化市生产用水量(万 m³)

表 1-94　绥化市生产用水量(万 m³)

年度	2013	2014	2015	2016	2017
数值	448.2	428.0	1112.9	1107.4	1228.4

(七)绥化市人均日生活用水量(L)

表1-95 绥化市人均日生活用水量(L)

年度	2013	2014	2015	2016	2017
数值	112.2	106.7	195.2	192.2	163.5

(八)绥化市有效灌溉面积(千 hm²)

表1-96 绥化市有效灌溉面积(千 hm²)

年度	2013	2014	2015	2016	2017
数值	479.5	483.1	520.0	575.7	594.4

十三、大兴安岭地区资源利用情况二级指标单项分析结果

(一)大兴安岭地区单位生产总值能耗下降率(%)

表1-97 大兴安岭地区单位生产总值能耗下降率(%)

年度	2013	2014	2015	2016	2017
数值	-3.51	-3.21	-2.53	-3.24	-3.13

(二)大兴安岭地区单位工业增加值能耗下降率(%)

表1-98 大兴安岭地区单位工业增加值能耗下降率(%)

年度	2013	2014	2015	2016	2017
数值	-16.66	35.09	-4.01	-17.14	-32.07

(三)大兴安岭地区单位地区生产总值电耗(kW·h/万元)

表1-99 大兴安岭地区单位地区生产总值电耗(kW·h/万元)

年度	2013	2014	2015	2016	2017
数值	423.8	376.8	405.9	321.8	303.5

(四)大兴安岭地区规模以上工业企业综合能源消费量(万吨标准煤)

表1-100 大兴安岭地区规模以上工业企业综合能源消费量(万吨标准煤)

年度	2013	2014	2015	2016	2017
数值	25.7	21.6	20.9	19.3	16.5

（五）大兴安岭地区有效灌溉面积（千 hm²）

表 1-101　大兴安岭地区有效灌溉面积（千 hm²）

年度	2013	2014	2015	2016	2017
数值	2.0	2.0	4.1	9.4	9.3

因统计年鉴中缺少数据，大兴安岭地区液化石油气用量、大兴安岭人均日生活用水量、大兴安岭生产用水量数据欠奉。

第二节　资源利用情况对比分析

为了对黑龙江省各地市资源利用情况进行对比分析，以表格形式对各地的资源利用情况进行了排名，并按照生态文明向好为优的原则对各二级指标按照25分的目标得分进行了赋值。

一、各项二级指标排名情况

（一）各地市地区液化石油气用量（t）排名情况

表 1-102　各地市地区液化石油气用量（t）排名

排序	地市	具体数值
1	七台河	1430
2	黑河	2580
3	双鸭山	4360
4	绥化	4505
5	鹤岗	5502
6	佳木斯	5550
7	大庆	5674
8	齐齐哈尔	8105
9	牡丹江	8814
10	鸡西	10575
11	伊春	14512
12	哈尔滨	70280

(二)各地市单位生产总值能耗下降率(%)排名情况

表 1-103   各地市单位生产总值能耗下降率(%)排名

排序	地市	具体数值
1	佳木斯	-5.11
2	鸡西	-5.04
3	哈尔滨	-4.86
4	七台河	-4.05
5	双鸭山	-4.01
6	牡丹江	-3.64
7	鹤岗	-3.63
8	齐齐哈尔	-3.63
9	绥化	-3.40
10	大庆	-3.20
11	大兴安岭	-3.13
12	黑河	-2.88
13	伊春	8.3

(三)各地市单位工业增加值能耗下降率(%)排名情况

表 1-104   各地市单位工业增加值能耗下降率(%)排名

排序	地市	具体数值
1	大兴安岭	-32.07
2	哈尔滨	-13.53
3	双鸭山	-10.79
4	牡丹江	-9.18
5	鹤岗	-7.37
6	齐齐哈尔	-6.72
7	鸡西	-6.03
8	黑河	-4.59
9	七台河	-4.32
10	绥化	-3.06
11	佳木斯	1.96
12	大庆	3.05
13	伊春	17.31

（四）各地市单位地区生产总值电耗（kW·h/万元）排名情况

表 1-105　各地市单位地区生产总值电耗（kW·h/万元）排名

排序	地市	具体数值
1	大兴安岭	303.5
2	哈尔滨	336.8
3	牡丹江	342.4
4	佳木斯	404.5
5	绥化	419.2
6	齐齐哈尔	580.6
7	黑河	581.4
8	鸡西	759.7
9	大庆	762.0
10	伊春	864.8
11	双鸭山	1017.8
12	七台河	1131.1
13	鹤岗	1464.2

（五）各地市规模以上工业企业综合能源消费量（万吨标准煤）排名情况

表 1-106　各地市规模以上工业企业综合能源消费量（万吨标准煤）排名

排序	地市	具体数值
1	大兴安岭	16.5
2	黑河	78.4
3	佳木斯	146.2
4	牡丹江	172.1
5	伊春	217.5
6	绥化	239.8
7	鸡西	250.6
8	鹤岗	290.1
9	双鸭山	377.0
10	齐齐哈尔	390.3
11	七台河	416.4
12	哈尔滨	609.8
13	大庆	1714.4

(六)各地市生产用水量(万 m^3)排名情况

表 1-107　各地市生产用水量(万 m^3)排名

排序	地市	具体数值
1	黑河	171.0
2	双鸭山	423.0
3	齐齐哈尔	1143.1
4	佳木斯	1250.1
5	绥化	1228.4
6	七台河	1361.7
7	伊春	1312.4
8	鹤岗	1426.6
9	鸡西	1461.1
10	哈尔滨	5393.8
11	牡丹江	9619.1
12	大庆	17824.6

(七)各地市人均日生活用水量(L)排名情况

表 1-108　各地市人均日生活用水量(L)排名

排序	地市	具体数值
1	鸡西	68.4
2	伊春	84.4
3	鹤岗	88.9
4	黑河	90.3
5	七台河	101.2
6	双鸭山	104.3
7	佳木斯	112.3
8	齐齐哈尔	120.0
9	牡丹江	126.8
10	哈尔滨	137.6
11	大庆	145.8
12	绥化	163.5

(八)各地市有效灌溉面积(千 hm²)排名情况

表1-109　各地市有效灌溉面积(千 hm²)排名

排序	地市	具体数值
1	齐齐哈尔	856.1
2	哈尔滨	792.8
3	绥化	594.4
4	大庆	524.7
5	佳木斯	468.7
6	鸡西	169.8
7	鹤岗	140.7
8	双鸭山	107.6
9	牡丹江	103.0
10	黑河	89.6
11	伊春	51.2
12	七台河	20.7
13	大兴安岭	9.3

二、各地市资源利用情况

(一)哈尔滨市资源利用情况总体分析结果

表1-110　2017年度哈尔滨市资源利用情况省内排名

二级指标	1	2	3	4	5	6	7	8
二级指标权重	4	4	4	2	3	2	3	3
2017年度排名	12	3	2	2	12	10	10	2
得分情况	0.304	3.384	3.692	1.846	0.459	0.614	0.921	2.769
总分	13.989							

(二)齐齐哈尔市资源利用情况总体分析结果

表1-111　2017年度齐齐哈尔市资源利用情况省内排名

二级指标	1	2	3	4	5	6	7	8
二级指标权重	4	4	4	2	3	2	3	3
2017年度排名	8	8	6	6	10	3	8	1
得分情况	1.844	1.844	2.460	2.460	0.921	1.692	1.383	3.000
总分	15.604							

（三）鸡西市资源利用情况总体分析结果

表 1-112　2017 年度鸡西市资源利用情况省内排名

二级指标	1	2	3	4	5	6	7	8
二级指标权重	4	4	4	2	3	2	3	3
2017 年度排名	10	2	7	8	7	9	1	6
得分情况	1.228	3.692	2.152	0.922	1.614	0.768	3.000	1.845
总分	15.221							

（四）鹤岗市资源利用情况总体分析结果

表 1-113　2017 年度鹤岗市资源利用情况省内排名

二级指标	1	2	3	4	5	6	7	8
二级指标权重	4	4	4	2	3	2	3	3
2017 年度排名	5	7	5	13	8	8	3	7
得分情况	2.768	2.152	2.768	0.152	1.383	0.922	2.538	1.614
总分	14.297							

（五）双鸭山市资源利用情况总体分析结果

表 1-114　2017 年度双鸭山市资源利用情况省内排名

二级指标	1	2	3	4	5	6	7	8
二级指标权重	4	4	4	2	3	2	3	3
2017 年度排名	3	5	3	11	9	2	6	8
得分情况	3.384	2.768	3.384	0.460	1.152	1.846	1.845	1.383
总分	16.222							

（六）大庆市资源利用情况总体分析结果

表 1-115　2017 年度大庆市资源利用情况省内排名

二级指标	1	2	3	4	5	6	7	8
二级指标权重	4	4	4	2	3	2	3	3
2017 年度排名	7	10	12	9	13	12	11	4
得分情况	2.152	0.228	0.304	0.768	0.228	0.306	0.690	2.307
总分	6.983							

（七）伊春市资源利用情况总体分析结果

表 1-116　2017 年度伊春市资源利用情况省内排名

二级指标	1	2	3	4	5	6	7	8
二级指标权重	4	4	4	2	3	2	3	3
2017 年度排名	11	13	13	10	5	7	2	11
得分情况	0.923	0.304	0.304	0.614	2.076	1.076	2.769	0.690
总分	8.756							

（八）佳木斯市资源利用情况总体分析结果

表 1-117　2017 年度佳木斯市资源利用情况省内排名

二级指标	1	2	3	4	5	6	7	8
二级指标权重	4	4	4	2	3	2	3	3
2017 年度排名	6	1	11	4	3	4	7	5
得名情况	2.460	4.000	0.923	1.538	3.000	1.538	1.614	2.076
总分	17.149							

（九）七台河市资源利用情况总体分析结果

表 1-118　2017 年度七台河市资源利用情况省内排名

二级指标	1	2	3	4	5	6	7	8
二级指标权重	4	4	4	2	3	2	3	3
2017 年度排名	1	4	9	12	11	6	5	12
得分情况	4.000	3.076	1.536	0.306	0.690	1.230	2.076	0.459
总分	13.373							

（十）牡丹江市资源利用情况总体分析结果

表 1-119　2017 年度牡丹江市资源利用情况省内排名

二级指标	1	2	3	4	5	6	7	8
二级指标权重	4	4	4	2	3	2	3	3
2017 年度排名	9	6	4	3	4	11	8	9
得分情况	1.536	2.460	3.076	1.692	2.307	0.460	1.383	1.152
总分	14.066							

（十一）黑河市资源利用情况总体分析结果

表 1-120　2017 年度黑河市资源利用情况省内排名

二级指标	1	2	3	4	5	6	7	8
二级指标权重	4	4	4	2	3	2	3	3
2017 年度排名	2	12	8	7	2	1	4	10
得分情况	3.692	0.304	1.844	1.076	2.769	2.000	2.307	0.921
总分	14.913							

（十二）绥化市资源利用情况总体分析结果

表 1-121　2017 年度绥化市资源利用情况省内排名

二级指标	1	2	3	4	5	6	7	8
二级指标权重	4	4	4	2	3	2	3	3
2017 年度排名	4	9	10	5	6	5	12	3
得分情况	3.076	1.536	1.228	1.384	1.845	1.384	0.306	2.538
总分	13.297							

（十三）大兴安岭地区资源利用情况总体分析结果

表 1-122　2017 年度大兴安岭地区资源利用情况省内排名

二级指标	1	2	3	4	5	6	7	8
二级指标权重	4	4	4	2	3	2	3	3
2017 年度排名	—	1	1	1	1	—	—	13
得分情况	2.152	4.000	4.000	2.000	3.000	1.076	1.614	0.228
总分	14.042							

注：二级指标中无官方统计数据的 3 个指标取 13 名次的中间位置第 7 名的分数。

三、各地市资源利用总体排名情况

表 1-123　各地市资源利用总体排名

排序	地市	总分
1	佳木斯	17.149
2	双鸭山	16.222
3	齐齐哈尔	15.604
4	鸡西	15.221
5	黑河	14.913

（续）

排序	地市	总分
6	鹤岗	14.297
7	牡丹江	14.066
8	大兴安岭	14.042
9	哈尔滨	13.989
10	七台河	13.373
11	绥化	13.297
12	伊春	8.756
13	大庆	6.983

第三节　资源利用情况总体分析及对策建议

一、各地市二级指标项目总体情况

根据哈尔滨 8 项二级指标的具体数据，可以看出，哈尔滨市的单位地区液化石油气用量处于最高区间，远远高于排在后面的伊春市约 2 倍；哈尔滨市的单位生产总值能耗下降率和单位工业增加值能耗下降率曲线均呈现下降趋势，其中单位生产总值能耗下降率一直在全省平均值附近波动不明显，2017 年度排名第三，进步明显；单位工业增加值能耗下降率具体数值波动较大，2017 年度出现较为明显的减势放缓；生产用水量、单位地区生产总值电耗、规模以上企业综合能源消费量和人均日生活用水量都呈现平缓下降的趋势。在各项目中，地区生产总值能耗下降率、工业增加值能耗下降率、单位地区生产总值电耗和有效灌溉面积在全省 2017 年度的排名情况均为前三名，而工业用水量和规模以上企业综合能源消费量排名第 12 位，显得落后，各项目数值均维持较平缓态势。

齐齐哈尔市的单位地区液化石油气用量 2017 年度处于第八位，相比前一阶段的数值处于上升过程；单位生产总值能耗下降率出现明显下降；单位工业增加值能耗下降率下降趋势明显；单位地区生产总值电耗平稳下降；规模以上工业企业综合能源消费量从 2015 年度开始下降趋势明显；生产用水量持续下降；人均日生活用水量均呈现明显上升态势，但是绝对值不大，且处于第八位的水平，比上一年度排名有所下降；有效灌溉面积仍延续了 2017 年度居于全省第一位的成绩，上升趋势明显。

鸡西市的单位地区液化石油气用量一直处于平稳区间，但是在 2017 年出现了倍增情况；单位生产总值能耗下降率绝对值增长明显，尤其是在 2017 年度仍然位居第 2 位，成绩明显；单位工业增加值能耗下降率连年波浪式前进，2017年度能耗下降明显；2015 年之前，单位地区生产总值电耗下降明显，但是在2016 年度出现了小幅回升，处于全省第八位；规模以上工业企业综合能源消费量、生产用水量和人均日生活用水量都呈现平稳下降态势，居于中间水平；有效灌溉面积小幅增长，各项指标的整体水平居中。

鹤岗市单位地区液化石油气用量近年来一直处于平稳低变动状态；单位生产总值能耗下降率出现小幅减缓；单位工业增加值能耗下降率波动较大，2016年度的能耗明显增长，2017 年度又出现大规模下降；单位地区生产总值电耗缓慢上升；规模以上工业企业综合能源消费量正在经历上升过程；生产用水量和人均日生活用水量都呈现平稳下降态势，其中人均生活用水排名第三位，成为各项指标中排名最好的一项；有效灌溉面积增长明显，但是总排名第七位，处于中等偏后位置。

双鸭山市的单位地区液化石油气用量近年来一直平缓下降，但是 2017 年的数值有所提高，但仍位于第三位；单位生产总值能耗下降率位于第五位；单位工业增加值能耗下降率出现了明显上升，位于第三位，有待改善；单位地区生产总值电耗和规模以上工业企业综合能源消费量均出现小幅上涨，分别居于第十一和第九位；生产用水量有所下降，人均日生活用水量均在 2017 年度有所增长，但数值处于中等水平；有效灌溉面积平缓上升。

大庆市的单位地区液化石油气用量从 2014 年开始出现下降趋势，且 2016 年以来降幅明显，2017 年度仍处于平稳下降的过程；单位生产总值能耗下降率波动不大，改善趋势初步显现；单位工业增加值能耗下降率波动明显，2016 年度开始出现正值，且 2017 年度仍在上升，位于第十二名，有待改善；单位地区生产总值电耗 2018 年度有所下降；规模以上工业企业综合能源消费量和生产用水量均处于上升过程，且排名靠后，有待改善；人均日生活用水量缓慢下降，趋势良好，2017 年度成为大庆各项目中排名最好的一项；有效灌溉面积稳步上升。

伊春市的单位地区液化石油气用量前期略高，自 2015 年开始出现较大幅度增长，2017 年排名第十一位，比较靠后；单位生产总值能耗下降率波浪式前进，在 2017 年度出现明显增长，从负值进入正值区间，排名第十三位；单位工业增加值能耗下降率 2014 年度到 2016 年度的数据不降反升，2017 年度数值仍然排名第十三位，亟待改善；单位地区生产总值电耗处于正 U 形过后的下降过程，2016 年度处于中等偏下的水平；规模以上工业企业综合能源消费量虽然处于上升过程，但是 2017 年度排名第十位；生产用水量下降趋势均明显，在 2017 年度排名第四位，人均日生活用水量第七位；有效灌溉面积处于波浪式上升过程。

通过佳木斯市 8 项二级指标的具体数据，可以看出，液化石油气用量 2014

年开始明显下降，且此后下降趋势平缓，2017年的数值略低于省整体水平；单位生产总值能耗下降率2017年度处于第一位，处于下降过程，且趋势逐步加强；单位工业增加值能耗下降率波动较大，2015年出现正值，2016年重回负值，2017年再度出现正值，排名第十一位，非常靠后；单位地区生产总值电耗出现趋势明显的平稳下降；规模以上工业企业综合能源消费量平稳下降；生产用水量呈现阶梯式下降；人均日生活用水量有所下降，导致2017年度排名第七位，有所改善；有效灌溉面积稳步上升，维持第五位。

七台河市单位地区液化石油气用量最低，且呈现平缓下降态势，2017年度排名第一位；单位生产总值能耗下降率具体数值和单位工业增加值能耗下降率波动不大，分别排名第四和第九位，比上年度有所上升；单位地区生产总值电耗平稳上升后迎来下降势头，2017年度排名第十二位；规模以上工业企业综合能源消费量小幅回升；生产用水量明显下降，处于中等位置；人均日生活用水量有小幅度的上升态势，2017年度处于第五位，名次有所下降；有效灌溉面积具体数值变动不大，数值小幅度上升。

牡丹江市8项二级指标的具体数据中，液化石油气用量2013年的初始值极高，自2015年出现下降趋势，2017年明显下降到初始值一半，且未来下降趋势依然明显；单位生产总值能耗下降率有所回升，但仍处于负值区间，2017年度排名第六位，有所上升；单位工业增加值能耗下降率2014年度开始出现明显倒退，2017年度数值有所下降，仍处于负值区间；单位地区生产总值电耗和规模以上工业企业综合能源消费量平缓下降；生产用水量前期缓步提升，2016年度出现明显下降，2017年仍处于下降区间，但是具体排名仍然为第十一位，比较偏后；人均日生活用水量高于省整体水平且处于缓步上升区间；有效灌溉面积稳步上升。

黑河市的单位地区液化石油气用量2013年数值较低，2014年出现倍增，近年来平稳上升，但是总排名第二位，仍然处于良好状态；单位生产总值能耗下降率处于负值区间，2016年度改善明显，2017年度再次出现反弹，且排名第十二位；单位工业增加值能耗下降率处于负值区间，但是波动较大，2016年度改善明显，2017年度再次出现反弹；单位地区生产总值电耗平稳下降，趋势渐强；生产用水量稳步下降，排名第一位；人均日生活用水量继续上升，排名仍处于第四位；有效灌溉面积平稳上升。

绥化市的单位地区液化石油气用量2014年度到2016年度处于较高数值区间，2017年度出现极为明显的下降趋势；单位生产总值能耗下降率在负值区间波动不大；单位工业增加值能耗下降率改善趋势明显；单位地区生产总值电耗处于缓慢下降过程中；规模以上工业企业综合能源消费量平缓上升，趋势渐强；

生产用水量呈现阶梯式上升；人均日生活用水量在 2017 年度出现了明显的下降拐点；有效灌溉面积排名仍维持在第三位，上升平稳。

从大兴安岭地区的 8 项二级指标的具体数据，可以看出，单位生产总值能耗下降率在负值区间，2017 年度波动较大，仍然是第一位；单位工业增加值能耗下降率 2014 年度为正值，2015 年度进入明显改善的负值区间，2017 年度负值继续增大；单位地区生产总值电耗波浪式下降；规模以上工业企业综合能源消费量平稳下降；有效灌溉面积明显上升。

二、存在问题

(一)各地市资源利用情况整体差异较大

观察总体排名情况可以看出，黑龙江省各地市在二级指标各项目中存在较大的差异，但是综合情况的个体差异没有呈现单项指标中严重的两极分化，总体分值在可控制区间。其中，整体表现最优的是佳木斯市，总成绩为 17.149 分，位列第一位，比上一年度进步 6 名；紧随其后的双鸭山市总分为 16.222 分；齐齐哈尔市位列第三位，成绩为 15.604 分；鸡西市以 15.221 分位列第四位；黑河市和鹤岗市分别为 14.913 分和 14.297 分，以微弱的差距位列第五和第六位；牡丹江市和大兴安岭地区分别以 14.066 分和 14.042 分位列第七和第八位；哈尔滨名次有所上升，以 13.989 分位列第九位；七台河市和绥化市分别以 13.373 分和 13.297 分列第十和第十一位；10 分以内的伊春市和大庆市分别得分 8.756 分和 6.983 分，排名十二位和十三位。最后一位的大庆市总成绩比 2016 年度的 7.906 分有所下降，与第一位仍存在 10.166 分的较大分差。

(二)二级指标内部差异明显

从各二级指标总体来看，各地市单位地区液化石油气用量的绝对值差异较大，排名第一的七台河市只有 1430t，而最后一名的哈尔滨市高达 70208t，约为第一名的 49 倍。各地市单位生产总值能耗下降率除伊春市外，都处于负值区间，说明黑龙江省 2017 年度的单位生产总值能耗除伊春市外均处于下降状态，是资源利用率整体提高的表现。其中，下降最为明显的佳木斯市为−5.11%，而排名最后的伊春市除伊正值区间的 8.3%，说明地市间存在明显差异。2017 年度，黑龙江省单位工业增加值能耗下降率有 10 个地市处于负值区间，3 个地市处于不降反升的正值区间，我省整体情况向好，但是处于正值部分的大庆市、佳木斯市和伊春市有待改善。2017 年度，黑龙江省各地市单位地区生产总值电耗中用电量排名变化不大，整体数值下降。其中，用电量最大的鹤岗市达到 2464.2kW

·h/万元,是大兴安岭地区为 303.5kW·h/万元的约 8.12 倍,比去年的差距更大,充分证明这一二级指标存在各地市差异明显的情况。各地市规模以上工业企业综合能源消费量仍然是所有二级指标中个体差异较为明显的一项,排在最后一位的大庆市达到 1714.4 万吨标准煤,是排在第一位的大兴安岭地区 16.5 万吨标准煤的约 104 倍。各地市生产用水排名基本没有变化,个别数值有所下降,仍然是所有二级指标中个体差异较巨大的一项,排在最后一位的大庆市(17824.6 万 m³)是排在第一位的黑河市(171.0 万 m³)的约 104 倍,比上一年度的差异性有小幅减弱。充分证明在生产领域,因为产业格局、产业规模的影响,不同地市在具体用水量上存在巨大差异。各地市人均日生活用水量二级指标中的整体差异不大,但是在趋势图中可以看出其发展呈现不同走向,这与当地政府城市供水管道建设、居民日常使用习惯等因素密切相关,也能够从一个侧面反映当地居民的生态文明发展状态,尤其是其节约用水的意识是否在不断加强。具体到 2017 年的数值,可以看出排名有所变化,整体下降趋势明显,排在最后一位的绥化人均日用水量达到了 163.5L,是排在第一位的鸡西市 68.4L 的约 2.39 倍,说明个体差异仍然存在,个别地市的配套设施和节水宣传都有待改善和加强。有效灌溉面积排名和数值都较为稳定,从一个侧面反映了当地农业生产过程中是否高效利用了水资源,在本项目排名中,可以看出个体差异是十分巨大的,排在第一位的齐齐哈尔市(856.1 千 hm²)是最后一位大兴安岭地区(9.3 千 hm²)的约 92 倍。这一项目的最后成绩与当地的原有基础和地理环境等自然情况有密切关系,从趋势分析中可以看出,各地市均呈现缓慢、稳步上升的态势,整体发展情况向好。

三、对策建议

在未来的发展过程中,黑龙江省在资源利用方面应该着重从以下几个角度进行调整:

(一)优化能源使用结构,增加清洁能源的使用比例

黑龙江省内除了煤和石油这样的传统能源,还蕴藏着石墨、铁矿石等新型能源,有着广阔的市场前景。因此,应该开发符合当地需求的,符合行业和地区需要的清洁能源,积极响应国家号召,大力开发省内天然气资源,投资天然气或液态天然气设施建设,着手取代依赖原煤的小型工厂,加大对清洁煤技术的研究和开发,加大对风能、太阳能等清洁能源技术的发展,引入市场机制,在政策主导下,将经济成本与能源稀缺性挂钩,促进资源利用效率的整体提升。此外,还应引进先进技术,开发风能和新型清洁能源,创新发展秸秆复合菌及

生物电等项目，化污染为能源。

（二）制定统筹兼顾的地区政策，缩小指标内部与各地市间的差异

根据各地区实际特点和发展需要，制定符合行业发展需要的相关标准。优化能源生产方式，通过能源供需与储备间的自平衡体，实现各地市与全省整体情况之间的友好互动和最优，在能源产生过程中形成集中式与分布式协调发展、相辅相成的供应模式。各地市间资源使用情况的巨大差异与黑龙江省各地市发展重点有着密切联系，结合当地产业结构、GDP 水平、工业以上企业数量等经济发展因素可知黑龙江省在发展过程中，不同地市有所侧重。兼顾不同产业和地区的生产特点，进行科学评价；在进行资源利用整体评估时，应该全面考虑到各地市的产业布局，并重点考评其发展趋势；通过信息、技术、资源、政策调整，平衡和缩小各地市之间的差距，实现黑龙江省资源利用情况的整体改善。

（三）紧跟中央政策，利用好区位优势和环境优势

在实际工作中紧跟中央各项政策主张，发挥环境资源优势，利用清洁型资源发展地方经济，并将特色产业做大做强，在冰雪经济和冰雪旅游方面拓展渠道，落实好"冰天雪地也是金山银山"理念，真正实现"白雪换白银"。此外，利用好的地理位置上的优势，在对俄合作过程中发挥好应有作用，加强与中石油的有效沟通，利用俄气过境优势，加紧谋划建设一批油气资源精深加工重大项目，既保障能源供给、支撑经济发展，又保护绿水青山黑土地，让群众感受到蓝天白云也是幸福。

研究过程中，本章选取的少数数据存在某一地市数据欠奉的情况，因为统计年鉴中项目变动，今年临时对项目 1 的内容进行了调整和替换，在动态分析过程中，也存在数据跨度不够大的情况，数据分析没有扩大到与其他省份及全国整体水平的比较，这些都是需要在今后的研究中不断调整和完善的。

第二章

各地市生态环境保护情况

  打造生态强省,建设美丽龙江。2017 年,黑龙江省继续以习近平生态文明思想为指导,牢固树立"绿水青山也是金山银山""冰天雪地也是金山银山"的思想理念,坚持问题导向、狠抓落实、坚决扛起生态环境保护的政治责任,积极推进生态文明建设。黑龙江省以改善环境质量为核心,以中央环保督察反馈意见整改为统领,继续着力解决大气、水、土壤、乡村人居环境等突出生态环境问题,提高生态环境质量。全面推动绿色发展,坚决做好生态文明建设工作。着力推进生态文明体制改革,以深化环保体制改革为动力,压紧压实领导责任,完善考核评价体系,严格考核问责,加强环保队伍建设,营造浓厚的生态文明环境保护社会氛围,确保生态环境保护各项工作和目标下沉督办落实、取得了环境保护实效。坚持保护优先、自然恢复为主,统筹山水林田湖草治理,把生态环境风险纳入了常态化管理,着力加强生态环境保护与修复,着力推动绿色发展。2017 年,黑龙江省加快构建本省生态安全体系,逐步提升黑龙江省生态系统质量和稳定性,生态文明建设继续迈上新台阶。

  本章研究对象为黑龙江省生态环境保护情况,下设 12 项二级指标,在 2016 年黑龙江省各地市生态环境保护情况数据统计分析的基础上,为保证数据更加科学合理,2017 年的统计数据中第 3 项指标更改为"地级及以上城市 Ⅰ ~ Ⅲ 类水质比例"。2017 年的生态环境保护情况的 12 项指标依次为:1. 地级及以上城市空气质量达标天数比率;2. 地级及以上城市细颗粒物(PM$_{2.5}$)浓度(μg/m^3);3. 地级及以上城市 Ⅰ ~ Ⅲ 类水质比例;4. 地级及以上城市废水排放量(万 t);5. 地级及以上城市化学需氧量 COD 排放量(t);6. 地级及以上城市氨氮排放量(t);7. 地级及以上城市二氧化硫排放量(t);8. 地级及以上城市氮氧化物排放量(t);9. 地级及以上城市烟粉排放量(t);10. 地级及以上城市园林绿地面积(hm^2);11. 地级及以上城市建成区绿化覆盖率(%);12. 地级及以上城市清扫保洁面积(万 m^2)。

  本章数据来源为:黑龙江统计局发布的 2014 年到 2018 年的《黑龙江统计年

鉴》，其统计数据为 2013 年度到 2017 年度黑龙江环境保护相关统计数据。黑龙江省生态环境厅发布的 2014 年到 2018 年的《黑龙江省环境状况公报》《黑龙江省环境质量状况》，其发布数据为 2013 年度到 2017 年度黑龙江环境保护相关统计数据。

本章第一节经过对数据的统计，以图表形式对黑龙江省 13 地市近年来生态环境保护状况进行客观数据展示。第二节通过赋值排名、对比、分析，通过客观数据排名对比对黑龙江省 13 地市生态环境保护进行直观评价。

第一节　生态环境保护状况二级指标分析

一、哈尔滨市生态环境保护二级指标单项分析结果

1. 哈尔滨市空气质量达标天数比例(%)

表 2-1　哈尔滨市空气质量达标天数比例(%)

年度	2013	2014	2015	2016	2017
数值	78.4	66.3	63.1	77.0	74.2

2. 哈尔滨市细颗粒物(PM$_{2.5}$)浓度($\mu g/m^3$)

表 2-2　哈尔滨市细颗粒物(PM$_{2.5}$)浓度($\mu g/m^3$)

年度	2013	2014	2015	2016	2017
数值	—	—	70	52	58

3. 哈尔滨市 I～III 类水质比例(%)

表 2-3　哈尔滨市 I～III 类水质比例(%)

年度	2013	2014	2015	2016	2017
数值	—	—	—	—	50.0

4. 哈尔滨市废水排放量(万 t)

表 2-4　哈尔滨市废水排放量(万 t)

年度	2013	2014	2015	2016	2017
数值	38141.1	39673.4	41257.2	41992.76	40203.7

5. 哈尔滨市化学需氧量 COD 排放量(t)

表 2-5　哈尔滨市化学需氧量 COD 排放量(t)

年度	2013	2014	2015	2016	2017
数值	299376.2	294365.1	280440.3	70972.4	67497.5

6. 哈尔滨市氨氮排放量(t)

表2-6 哈尔滨市氨氮排放量(t)

年度	2013	2014	2015	2016	2017
数值	21207.5	19759.01	17688.60	11161.83	11821.6

7. 哈尔滨市二氧化硫排放量(t)

表2-7 哈尔滨市二氧化硫排放量(t)

年度	2013	2014	2015	2016	2017
数值	116000	120111	115261	110215.9	103599.4

8. 哈尔滨市氮氧化物排放量(t)

表2-8 哈尔滨市氮氧化物排放量(t)

年度	2013	2014	2015	2016	2017
数值	146504.3	146343	146343	126371.7	64793.8

9. 哈尔滨市烟粉排放量(t)

表2-9 哈尔滨市烟粉排放量(t)

年度	2013	2014	2015	2016	2017
数值	167668.8	235684.5	185739.2	180189.6	166292.4

10. 哈尔滨市城市园林绿地面积(hm²)

表2-10 哈尔滨市城市园林绿地面积(hm^2)

年度	2013	2014	2015	2016	2017
数值	13333	13452	13514	13797	13958

11. 哈尔滨市建成区绿化覆盖率(%)

表2-11 哈尔滨市建成区绿化覆盖率(%)

年度	2013	2014	2015	2016	2017
数值	36.1	35.5	35.4	33.6	33.7

12. 哈尔滨市清扫保洁面积(万 m²)

表2-12 哈尔滨市清扫保洁面积(万 m^2)

年度	2013	2014	2015	2016	2017
数值	6689	7125	7945	8255	9410

二、齐齐哈尔市生态环境保护二级指标单项分析结果

1. 齐齐哈尔市空气质量达标天数比例(%)

表2-13 齐齐哈尔市空气质量达标天数比例(%)

年度	2013	2014	2015	2016	2017
数值	94.5	85.6	86.8	91.0	87.4

2. 齐齐哈尔市细颗粒物（$PM_{2.5}$）浓度（$\mu g/m^3$）

表2-14　齐齐哈尔市细颗粒物（$PM_{2.5}$）浓度（$\mu g/m^3$）

年度	2013	2014	2015	2016	2017
数值	—	—	38	36	38

3. 齐齐哈尔市 I ～ III类水质比例（%）

表2-15　齐齐哈尔市 I ～ III类水质比例（%）

年度	2013	2014	2015	2016	2017
数值	83.6	24.9	45.6	33.1	77.8

4. 齐齐哈尔市废水排放量（万 t）

表2-16　齐齐哈尔市废水排放量（万 t）

年度	2013	2014	2015	2016	2017
数值	21052.7	17686.6	17193.9	12098.7	11985.2

5. 齐齐哈尔市化学需氧量 COD 排放量（t）

表2-17　齐齐哈尔市化学需氧量 COD 排放量（t）

年度	2013	2014	2015	2016	2017
数值	226241.5	223198.9	219338.0	38189.2	31942.1

6. 齐齐哈尔市氨氮排放量（t）

表2-18　齐齐哈尔市氨氮排放量（t）

年度	2013	2014	2015	2016	2017
数值	11607.8	11472.3	10908.0	4960.8	3407.5

7. 齐齐哈尔市二氧化硫排放量（t）

表2-19　齐齐哈尔市二氧化硫排放量（t）

年度	2013	2014	2015	2016	2017
数值	79401.0	69530.3	62281.3	39957.7	33622.3

8. 齐齐哈尔市氮氧化物排放量（t）

表2-20　齐齐哈尔市氮氧化物排放量（t）

年度	2013	2014	2015	2016	2017
数值	107164	103460	95304.2	66661.8	26594.0

9. 齐齐哈尔市烟粉排放量（t）

表2-21　齐齐哈尔市烟粉排放量（t）

年度	2013	2014	2015	2016	2017
数值	111084.2	117442.1	88988.0	23505.8	39601.1

10. 齐齐哈尔市城市园林绿地面积（hm²）

表 2-22 齐齐哈尔市城市园林绿地面积（hm²）

年度	2013	2014	2015	2016	2017
数值	6097	6097	6097	6097	6097

11. 齐齐哈尔市建成区绿化覆盖率（%）

表 2-23 齐齐哈尔市建成区绿化覆盖率（%）

年度	2013	2014	2015	2016	2017
数值	38.6	38.6	38.6	38.6	38.3

12. 齐齐哈尔市清扫保洁面积（万 m²）

表 2-24 齐齐哈尔市清扫保洁面积（万 m²）

年度	2013	2014	2015	2016	2017
数值	1051	1394	1599	1676	1887

三、大庆市生态环境保护二级指标单项分析结果

1. 大庆市空气质量达标天数比例（%）

表 2-25 大庆市空气质量达标天数比例（%）

年度	2013	2014	2015	2016	2017
数值	97.8	87.1	87.3	89.1	87.4

2. 大庆市细颗粒物（$PM_{2.5}$）浓度（$\mu g/m^3$）

表 2-26 大庆市细颗粒物（$PM_{2.5}$）浓度（$\mu g/m^3$）

年度	2013	2014	2015	2016	2017
数值	—	—	45	38	35

3. 大庆市 I～Ⅲ类水质比例（%）

表 2-27 大庆市 I～Ⅲ类水质比例（%）

年度	2013	2014	2015	2016	2017
数值	—	—	—	—	50.0

4. 大庆市废水排放量（万 t）

表 2-28 大庆市废水排放量（万 t）

年度	2013	2014	2015	2016	2017
数值	14506.2	13450.3	14014.6	14229.7	15856.1

5. 大庆市化学需氧量 COD 排放量(t)

表 2-29 大庆市化学需氧量 COD 排放量(t)

年度	2013	2014	2015	2016	2017
数值	142792.2	138945.0	136779.0	4641.5	4274.5

6. 大庆市氨氮排放量(t)

表 2-30 大庆市氨氮排放量(t)

年度	2013	2014	2015	2016	2017
数值	5658.2	5443.0	5299.0	1166.9	2274.6

7. 大庆市二氧化硫排放量(t)

表 2-31 大庆市二氧化硫排放量(t)

年度	2013	2014	2015	2016	2017
数值	49120.0	40522.0	39346.0	22041.6	20927.6

8. 大庆市氮氧化物排放量(t)

表 2-32 大庆市氮氧化物排放量(t)

年度	2013	2014	2015	2016	2017
数值	96924.9	95728.8	74443.0	63154.2	33824.0

9. 大庆市烟粉排放量(t)

表 2-33 大庆市烟粉排放量(t)

年度	2013	2014	2015	2016	2017
数值	33930.2	47271.4	33824.9	26138.2	21736.1

10. 大庆市城市园林绿地面积(hm^2)

表 2-34 大庆市城市园林绿地面积(hm^2)

年度	2013	2014	2015	2016	2017
数值	22172.0	22355.0	22410.0	22455.6	13310.0

11. 大庆市建成区绿化覆盖率(%)

表 2-35 大庆市建成区绿化覆盖率(%)

年度	2013	2014	2015	2016	2017
数值	45.3	45.4	45.6	45.5	43.4

12. 大庆市清扫保洁面积(万 m^2)

表 2-36 大庆市清扫保洁面积(万 m^2)

年度	2013	2014	2015	2016	2017
数值	3502	3502	3542	3542	3600

四、牡丹江市生态环境保护二级指标单项分析结果

1. 牡丹江市空气质量达标天数比例(%)

表 2-37　牡丹江市空气质量达标天数比例(%)

年度	2013	2014	2015	2016	2017
数值	98.1	73.2	79.7	89.9	90.1

2. 牡丹江市细颗粒物(PM$_{2.5}$)浓度(μg/m³)

表 2-38　牡丹江市细颗粒物(PM$_{2.5}$)浓度(μg/m³)

年度	2013	2014	2015	2016	2017
数值	—	—	48	37	36

3. 牡丹江市 I ~ Ⅲ类水质比例(%)

表 2-39　牡丹江市 I ~ Ⅲ类水质比例(%)

年度	2013	2014	2015	2016	2017
数值	133.3	116.8	88.3	101.0	100.0

4. 牡丹江市废水排放量(万 t)

表 2-40　牡丹江市废水排放量(万 t)

年度	2013	2014	2015	2016	2017
数值	9162.0	8512.8	8455.3	9904.3	13534.3

5. 牡丹江市化学需氧量 COD 排放量(t)

表 2-41　牡丹江市化学需氧量 COD 排放量(t)

年度	2013	2014	2015	2016	2017
数值	48995.9	48565.2	48776.7	19874.8	13480.3

6. 牡丹江市氨氮排放量(t)

表 2-42　牡丹江市氨氮排放量(t)

年度	2013	2014	2015	2016	2017
数值	4951.6	4893.3	4837.8	3478.7	2702.8

7. 牡丹江市二氧化硫排放量(t)

表 2-43　牡丹江市二氧化硫排放量(t)

年度	2013	2014	2015	2016	2017
数值	34732.2	33157.0	37049.8	19825.6	16245.9

8. 牡丹江市氮氧化物排放量(t)

表 2-44　牡丹江市氮氧化物排放量(t)

年度	2013	2014	2015	2016	2017
数值	59361.1	54885.0	52525.1	33729.0	15334.0

9. 牡丹江市烟粉排放量(t)

表 2-45　牡丹江市烟粉排放量(t)

年度	2013	2014	2015	2016	2017
数值	55887.6	69001.6	42419.9	17987.4	17128.5

10. 牡丹江市城市园林绿地面积(hm^2)

表 2-46　牡丹江市城市园林绿地面积(hm^2)

年度	2013	2014	2015	2016	2017
数值	5105.0	5182.0	5155.0	5160.0	5296.0

11. 牡丹江市建成区绿化覆盖率(%)

表 2-47　牡丹江市建成区绿化覆盖率(%)

年度	2013	2014	2015	2016	2017
数值	38.8	37.6	20.6	21.0	27.1

12. 牡丹江市清扫保洁面积(万 m^2)

表 2-48　牡丹江市清扫保洁面积(万 m^2)

年度	2013	2014	2015	2016	2017
数值	1400	1300	1300	1399	1444

五、鸡西市生态环境保护二级指标单项分析结果

1. 鸡西市空气质量达标天数比例(%)

表 2-49　鸡西市空气质量达标天数比例(%)

年度	2013	2014	2015	2016	2017
数值	91.5	96.2	93.4	94.0	84.1

2. 鸡西市细颗粒物($PM_{2.5}$)浓度($\mu g/m^3$)

表 2-50　鸡西市细颗粒物($PM_{2.5}$)浓度($\mu g/m^3$)

年度	2013	2014	2015	2016	2017
数值	—	—	29	28	43

3. 鸡西市Ⅰ～Ⅲ类水质比例（%）

表2-51　鸡西市Ⅰ～Ⅲ类水质比例（%）

年度	2013	2014	2015	2016	2017
数值	65.5	51.7	40.6	46.0	50.0

4. 鸡西市废水排放量（万t）

表2-52　鸡西市废水排放量（万t）

年度	2013	2014	2015	2016	2017
数值	7799.6	7171.2	6575.7	5589.8	5855.4

5. 鸡西市化学需氧量COD排放量（t）

表2-53　鸡西市化学需氧量COD排放量（t）

年度	2013	2014	2015	2016	2017
数值	39031.9	38205.0	37443.0	19321.4	15256.7

6. 鸡西市氨氮排放量（t）

表2-54　鸡西市氨氮排放量（t）

年度	2013	2014	2015	2016	2017
数值	3403.9	3325.0	3233.3	2620.6	2097.8

7. 鸡西市二氧化硫排放量（t）

表2-55　鸡西市二氧化硫排放量（t）

年度	2013	2014	2015	2016	2017
数值	25751.0	24734.0	22032.1	9903.8	7652.0

8. 鸡西市氮氧化物排放量（t）

表2-56　鸡西市氮氧化物排放量（t）

年度	2013	2014	2015	2016	2017
数值	31469.0	30649.3	26242.1	19609.7	11400.0

9. 鸡西市烟粉排放量（t）

表2-57　鸡西市烟粉排放量（t）

年度	2013	2014	2015	2016	2017
数值	89655.9	41415.6	43467.6	8506.2	5303.8

10. 鸡西市城市园林绿地面积（hm²）

表2-58　鸡西市城市园林绿地面积（hm²）

年度	2013	2014	2015	2016	2017
数值	2803	2803.0	2808.5	2808.5	2808

11. 鸡西市建成区绿化覆盖率(%)

表 2-59　鸡西市建成区绿化覆盖率(%)

年度	2013	2014	2015	2016	2017
数值	40.1	40.1	39.5	38.9	39.5

12. 鸡西市清扫保洁面积(万 m^2)

表 2-60　鸡西市清扫保洁面积(万 m^2)

年度	2013	2014	2015	2016	2017
数值	376	560	610	620	666

六、鹤岗市生态环境保护二级指标单项分析结果

1. 鹤岗市空气质量达标天数比例(%)

表 2-61　鹤岗市空气质量达标天数比例(%)

年度	2013	2014	2015	2016	2017
数值	89.6	80.1	89.6	90.9	90.9

2. 鹤岗市细颗粒物($PM_{2.5}$)浓度($\mu g/m^3$)

表 2-62　鹤岗市细颗粒物($PM_{2.5}$)浓度($\mu g/m^3$)

年度	2013	2014	2015	2016	2017
数值	—	—	48	38	35

3. 鹤岗市 I ~ III类水质比例(%)

表 2-63　鹤岗市 I ~ III类水质比例(%)

年度	2013	2014	2015	2016	2017
数值	57.6	38.3	33.4	49.0	—

4. 鹤岗市废水排放量(万 t)

表 2-64　鹤岗市废水排放量(万 t)

年度	2013	2014	2015	2016	2017
数值	6651.5	6529.8	7159.0	7960.0	7082.1

5. 鹤岗市化学需氧量 COD 排放量(t)

表 2-65　鹤岗市化学需氧量 COD 排放量(t)

年度	2013	2014	2015	2016	2017
数值	26663.3	25538.8	23731.1	11913.7	9394.5

6. 鹤岗市氨氮排放量(t)

表 2-66　鹤岗市氨氮排放量(t)

年度	2013	2014	2015	2016	2017
数值	2287.8	2258.0	2031.7	1883.9	1872.5

7. 鹤岗市二氧化硫排放量(t)

表 2-67　鹤岗市二氧化硫排放量(t)

年度	2013	2014	2015	2016	2017
数值	17720.5	17208.5	19843.4	12149.8	12468.7

8. 鹤岗市氮氧化物排放量(t)

表 2-68　鹤岗市氮氧化物排放量(t)

年度	2013	2014	2015	2016	2017
数值	38892.4	30307.9	25110.3	21750.6	17051.2

9. 鹤岗市烟粉排放量(t)

表 2-69　鹤岗市烟粉排放量(t)

年度	2013	2014	2015	2016	2017
数值	33173.9	26605.2	27457.7	25731.8	34992.4

10. 鹤岗市城市园林绿地面积(hm^2)

表 2-70　鹤岗市城市园林绿地面积(hm^2)

年度	2013	2014	2015	2016	2017
数值	2863	2886.0	2897.0	2903.0	2870

11. 鹤岗市建成区绿化覆盖率(%)

表 2-71　鹤岗市建成区绿化覆盖率(%)

年度	2013	2014	2015	2016	2017
数值	41.8	42.2	42.3	42.4	41.3

12. 鹤岗市清扫保洁面积(万 m^2)

表 2-72　鹤岗市清扫保洁面积(万 m^2)

年度	2013	2014	2015	2016	2017
数值	382	397	436	448	448

七、双鸭山市生态环境保护二级指标单项分析结果

1. 双鸭山市空气质量达标天数比例(%)

表 2-73　双鸭山市空气质量达标天数比例(%)

年度	2013	2014	2015	2016	2017
数值	94	97	87.7	92.1	90.4

2. 双鸭山市细颗粒物(PM$_{2.5}$)浓度(μg/m^3)

表 2-74 双鸭山市细颗粒物(PM$_{2.5}$)浓度(μg/m^3)

年度	2013	2014	2015	2016	2017
数值	—	—	43	34	42

3. 双鸭山市 I ~ III 类水质比例(%)

表 2-75 双鸭山市 I ~ III 类水质比例(%)

年度	2013	2014	2015	2016	2017
数值	72.4	43.9	42.6	40.0	66.7

4. 双鸭山市废水排放量(万 t)

表 2-76 双鸭山市废水排放量(万 t)

年度	2013	2014	2015	2016	2017
数值	6400.2	6270.5	6735.9	6743.3	5929.7

5. 双鸭山市化学需氧量 COD 排放量(t)

表 2-77 双鸭山市化学需氧量 COD 排放量(t)

年度	2013	2014	2015	2016	2017
数值	49258.9	47466.6	47331.0	13628.6	13611.0

6. 双鸭山市氨氮排放量(t)

表 2-78 双鸭山市氨氮排放量(t)

年度	2013	2014	2015	2016	2017
数值	3388.1	3241.6	3218.0	1723.7	1677.0

7. 双鸭山市二氧化硫排放量(t)

表 2-79 双鸭山市二氧化硫排放量(t)

年度	2013	2014	2015	2016	2017
数值	23907.0	26522.2	26091.0	21176.9	18837.5

8. 双鸭山市氮氧化物排放量(t)

表 2-80 双鸭山市氮氧化物排放量(t)

年度	2013	2014	2015	2016	2017
数值	53239.0	48927.4	40119.0	30056.3	13671.9

9. 双鸭山市烟粉排放量(t)

表 2-81 双鸭山市烟粉排放量(t)

年度	2013	2014	2015	2016	2017
数值	38722.1	50768.6	47994.6	37698.9	28101.6

10. 双鸭山市城市园林绿地面积(hm²)

表 2-82　双鸭山市城市园林绿地面积(hm²)

年度	2013	2014	2015	2016	2017
数值	2307	2309.7	2318.5	2318.5	2319

11. 双鸭山市建成区绿化覆盖率(%)

表 2-83　双鸭山市建成区绿化覆盖率(%)

年度	2013	2014	2015	2016	2017
数值	43.5	43.6	43.7	43.7	43.7

12. 双鸭山市清扫保洁面积(万 m²)

表 2-84　双鸭山市清扫保洁面积(万 m²)

年度	2013	2014	2015	2016	2017
数值	270	270	272	298	333

八、伊春市生态环境保护二级指标单项分析结果

1. 伊春市空气质量达标天数比例(%)

表 2-85　伊春市空气质量达标天数比例(%)

年度	2013	2014	2015	2016	2017
数值	100.0	98.6	96.0	98.2	94.0

2. 伊春市细颗粒物(PM$_{2.5}$)浓度(μg/m³)

表 2-86　伊春市细颗粒物(PM$_{2.5}$)浓度(μg/m³)

年度	2013	2014	2015	2016	2017
数值	—	—	30	19	23

3. 伊春市 Ⅰ~Ⅲ类水质比例(%)

表 2-87　伊春市 Ⅰ~Ⅲ类水质比例(%)

年度	2013	2014	2015	2016	2017
数值	144.3	112.5	81.2	105.2	42.9

4. 伊春市废水排放量(万 t)

表 2-88　伊春市废水排放量(万 t)

年度	2013	2014	2015	2016	2017
数值	5959.2	6051.0	6005.3	5424.4	5917.7

5. 伊春市化学需氧量 COD 排放量(t)

表 2-89　伊春市化学需氧量 COD 排放量(t)

年度	2013	2014	2015	2016	2017
数值	40255.4	40800	39562.3	17984.2	12870.6

6. 伊春市氨氮排放量(t)

表 2-90　伊春市氨氮排放量(t)

年度	2013	2014	2015	2016	2017
数值	3851.8	3810.0	3748.0	2273.3	1398.0

7. 伊春市二氧化硫排放量(t)

表 2-91　伊春市二氧化硫排放量(t)

年度	2013	2014	2015	2016	2017
数值	20700.0	18678.0	19916.0	14066.5	11138.9

8. 伊春市氮氧化物排放量(t)

表 2-92　伊春市氮氧化物排放量(t)

年度	2013	2014	2015	2016	2017
数值	20084.0	18897.7	17889.0	16965.0	9709.7

9. 伊春市烟粉排放量(t)

表 2-93　伊春市烟粉排放量(t)

年度	2013	2014	2015	2016	2017
数值	21015.6	26002.6	22984.5	13513.6	10628.2

10. 伊春市城市园林绿地面积(hm²)

表 2-94　伊春市城市园林绿地面积(hm²)

年度	2013	2014	2015	2016	2017
数值	4632	4702.5	4396.6	4557.8	4630

11. 伊春市建成区绿化覆盖率(%)

表 2-95　伊春市建成区绿化覆盖率(%)

年度	2013	2014	2015	2016	2017
数值	26.7	26.8	29.8	30.6	31.5

12. 伊春市清扫保洁面积(万 m²)

表 2-96　伊春市清扫保洁面积(万 m²)

年度	2013	2014	2015	2016	2017
数值	989	997	1037	1074	1085

九、佳木斯市生态环境保护二级指标单项分析结果

1. 佳木斯市空气质量达标天数比例(%)

表 2-97　佳木斯市空气质量达标天数比例(%)

年度	2013	2014	2015	2016	2017
数值	95.9	96.9	92.5	91.2	88.8

2. 佳木斯市细颗粒物(PM$_{2.5}$)浓度(μg/m³)

表 2-98　佳木斯市细颗粒物(PM$_{2.5}$)浓度(μg/m³)

年度	2013	2014	2015	2016	2017
数值	—	—	31	33	38

3. 佳木斯市 Ⅰ~Ⅲ类水质比例(%)

表 2-99　佳木斯市 Ⅰ~Ⅲ类水质比例(%)

年度	2013	2014	2015	2016	2017
数值	64.4	41.4	50.9	57.5	58.3

4. 佳木斯市废水排放量(万 t)

表 2-100　佳木斯市废水排放量(万 t)

年度	2013	2014	2015	2016	2017
数值	7271.4	6862.5	7269.4	6782.6	7232.3

5. 佳木斯市化学需氧量 COD 排放量(t)

表 2-101　佳木斯市化学需氧量 COD 排放量(t)

年度	2013	2014	2015	2016	2017
数值	61672.3	60294.0	60206.0	17635.5	16606.2

6. 佳木斯市氨氮排放量(t)

表 2-102　佳木斯市氨氮排放量(t)

年度	2013	2014	2015	2016	2017
数值	4699.4	4602.0	4619.0	2098.0	2134.7

7. 佳木斯市二氧化硫排放量(t)

表 2-103　佳木斯市二氧化硫排放量(t)

年度	2013	2014	2015	2016	2017
数值	21200.0	21455.0	20992.0	18801.7	11171.8

8. 佳木斯市氮氧化物排放量(t)

表 2-104　佳木斯市氮氧化物排放量(t)

年度	2013	2014	2015	2016	2017
数值	40953.0	38270.0	34140.0	29537.2	8808.4

9. 佳木斯市烟粉排放量(t)

表 2-105　佳木斯市烟粉排放量(t)

年度	2013	2014	2015	2016	2017
数值	54698.4	57593.8	35968.4	23505.8	13924.4

10. 佳木斯市城市园林绿地面积(hm^2)

表 2-106　佳木斯市城市园林绿地面积(hm^2)

年度	2013	2014	2015	2016	2017
数值	3875.0	3873.0	3878.0	3878.0	3878.0

11. 佳木斯市建成区绿化覆盖率(%)

表 2-107　佳木斯市建成区绿化覆盖率(%)

年度	2013	2014	2015	2016	2017
数值	41.6	41.6	41.6	41.6	42.2

12. 佳木斯市清扫保洁面积(万 m^2)

表 2-108　佳木斯市清扫保洁面积(万 m^2)

年度	2013	2014	2015	2016	2017
数值	541	1301	1301	1301	1316

十、七台河市生态环境保护二级指标单项分析结果

1. 七台河市空气质量达标天数比例(%)

表 2-109　七台河市空气质量达标天数比例(%)

年度	2013	2014	2015	2016	2017
数值	85.8	88.5	77.8	85.5	83.5

2. 七台河市细颗粒物($PM_{2.5}$)浓度($\mu g/m^3$)

表 2-110　七台河市细颗粒物($PM_{2.5}$)浓度($\mu g/m^3$)

年度	2013	2014	2015	2016	2017
数值	85.8	88.5	77.8	47	47

3. 七台河市 Ⅰ～Ⅲ类水质比例（%）

表 2-111　七台河市 Ⅰ～Ⅲ类水质比例（%）

年度	2013	2014	2015	2016	2017
数值	—	—	—	—	—

4. 七台河市废水排放量（万 t）

表 2-112　七台河市废水排放量（万 t）

年度	2013	2014	2015	2016	2017
数值	5350.0	4618.1	4676.0	3950.6	2806.1

5. 七台河市化学需氧量 COD 排放量（t）

表 2-113　七台河市化学需氧量 COD 排放量（t）

年度	2013	2014	2015	2016	2017
数值	17288.8	16407.2	16527.4	10294.2	2986.8

6. 七台河市氨氮排放量（t）

表 2-114　七台河市氨氮排放量（t）

年度	2013	2014	2015	2016	2017
数值	1925.8	1825.4	1838.0	1528.1	754.9

7. 七台河市二氧化硫排放量（t）

表 2-115　七台河市二氧化硫排放量（t）

年度	2013	2014	2015	2016	2017
数值	16594.0	16948.1	17448.1	15432.8	11132.2

8. 七台河市氮氧化物排放量（t）

表 2-116　七台河市氮氧化物排放量（t）

年度	2013	2014	2015	2016	2017
数值	33730.0	41197.7	27412.1	21221.0	18782.2

9. 七台河市烟粉排放量（t）

表 2-117　七台河市烟粉排放量（t）

年度	2013	2014	2015	2016	2017
数值	21810.4	24446.6	21013.3	15887.1	9224.1

10. 七台河市城市园林绿地面积（hm²）

表 2-118　七台河市城市园林绿地面积（hm²）

年度	2013	2014	2015	2016	2017
数值	2459.0	2467.0	2679.4	2684.8	2710.0

11. 七台河市建成区绿化覆盖率(%)

表 2-119　七台河市建成区绿化覆盖率(%)

年度	2013	2014	2015	2016	2017
数值	38.7	38.1	43.9	44.0	44.1

12. 七台河市清扫保洁面积(万 m²)

表 2-120　七台河市清扫保洁面积(万 m²)

年度	2013	2014	2015	2016	2017
数值	389	511	559	581	640

十一、黑河市生态环境保护二级指标单项分析结果

1. 黑河市空气质量达标天数比例(%)

表 2-121　黑河市空气质量达标天数比例(%)

年度	2013	2014	2015	2016	2017
数值	100	100	94.7	96.4	96.4

2. 黑河市细颗粒物(PM$_{2.5}$)浓度(μg/m³)

表 2-122　黑河市细颗粒物(PM$_{2.5}$)浓度(μg/m³)

年度	2013	2014	2015	2016	2017
数值	—	—	29	23	23

3. 黑河市Ⅰ～Ⅲ类水质比例(%)

表 2-123　黑河市Ⅰ～Ⅲ类水质比例(%)

年度	2013	2014	2015	2016	2017
数值	223.8	107.6	80.1	76.0	87.5

4. 黑河市废水排放量(万 t)

表 2-124　黑河市废水排放量(万 t)

年度	2013	2014	2015	2016	2017
数值	4789.6	4735.9	4922.0	4096.7	3841.5

5. 黑河市化学需氧量 COD 排放量(t)

表 2-125　黑河市化学需氧量 COD 排放量(t)

年度	2013	2014	2015	2016	2017
数值	40571.9	39667.0	38520.0	8419.9	8391.8

6. 黑河市氨氮排放量(t)

表 2-126　黑河市氨氮排放量(t)

年度	2013	2014	2015	2016	2017
数值	2556.9	2478.0	2352.0	1529.0	1197.5

7. 黑河市二氧化硫排放量(t)

表 2-127　黑河市二氧化硫排放量(t)

年度	2013	2014	2015	2016	2017
数值	24164.0	24600.0	24016.0	15745.9	12221.8

8. 黑河市氮氧化物排放量(t)

表 2-128　黑河市氮氧化物排放量(t)

年度	2013	2014	2015	2016	2017
数值	15443.0	15691.0	13149.8	12544.7	6067.3

9. 黑河市烟粉排放量(t)

表 2-129　黑河市烟粉排放量(t)

年度	2013	2014	2015	2016	2017
数值	15252.5	16093.6	13597.2	10819.7	7916.9

10. 黑河市城市园林绿地面积(hm^2)

表 2-130　黑河市园林绿地面积(hm^2)

年度	2013	2014	2015	2016	2017
数值	560.0	716.5	719.5	719.7	720

11. 黑河市建成区绿化覆盖率(%)

表 2-131　黑河市建成区绿化覆盖率(%)

年度	2013	2014	2015	2016	2017
数值	32.6	40.4	40.5	40.5	40.6

12. 黑河市清扫保洁面积(万 m^2)

表 2-132　黑河市清扫保洁面积(万 m^2)

年度	2013	2014	2015	2016	2017
数值	410	410	410	410	410

十二、绥化市生态环境保护二级指标单项分析结果

1. 绥化市空气质量达标天数比例(%)

表 2-133　绥化市空气质量达标天数比例(%)

年度	2013	2014	2015	2016	2017
数值	91.3	88.8	84.9	91.8	86.7

2. 绥化市细颗粒物(PM$_{2.5}$)浓度(μg/m^3)

表 2-134　绥化市细颗粒物(PM$_{2.5}$)浓度(μg/m^3)

年度	2013	2014	2015	2016	2017
数值	—	—	36	33	36

3. 绥化市Ⅰ～Ⅲ类水质比例(%)

表 2-135　绥化市Ⅰ～Ⅲ类水质比例(%)

年度	2013	2014	2015	2016	2017
数值	79.0	47.3	52.3	46.7	20.0

4. 绥化市废水排放量(万 t)

表 2-136　绥化市废水排放量(万 t)

年度	2013	2014	2015	2016	2017
数值	13767.5	15768.4	11971.1	10054.7	11721.5

5. 绥化市化学需氧量 COD 排放量(t)

表 2-137　绥化市化学需氧量 COD 排放量(t)

年度	2013	2014	2015	2016	2017
数值	265409.8	262497.0	260555.0	22873.9	3827.9

6. 绥化市氨氮排放量(t)

表 2-138　绥化市氨氮排放量(t)

年度	2013	2014	2015	2016	2017
数值	11415.2	11265.0	11186.0	3577.1	758.1

7. 绥化市二氧化硫排放量(t)

表 2-139　绥化市二氧化硫排放量(t)

年度	2013	2014	2015	2016	2017
数值	24200.0	22630.0	19818.0	11363.8	13260.2

8. 绥化市氮氧化物排放量(t)

表 2-140　绥化市氮氧化物排放量(t)

年度	2013	2014	2015	2016	2017
数值	69016.2	68400.0	64865.9	62268.5	7751.9

9. 绥化市烟粉排放量(t)

表 2-141　绥化市烟粉排放量(t)

年度	2013	2014	2015	2016	2017
数值	27865.3	27315.2	20504.4	12113.6	10001.7

10. 绥化市城市园林绿地面积(hm^2)

表 2-142　绥化市城市园林绿地面积(hm^2)

年度	2013	2014	2015	2016	2017
数值	956.0	993.0	999.5	1007.7	1014.0

11. 绥化市建成区绿化覆盖率(%)

表 2-143　绥化市建成区绿化覆盖率(%)

年度	2013	2014	2015	2016	2017
数值	26.4	29.8	30.1	24.9	25.3

12. 绥化市清扫保洁面积(万 m^2)

表 2-144　绥化市清扫保洁面积(万 m^2)

年度	2013	2014	2015	2016	2017
数值	506	721	649	751	752

十三、大兴安岭地区生态环境保护二级指标单项分析结果

1. 大兴安岭地区空气质量达标天数比例(%)

表 2-145　大兴安岭地区空气质量达标天数比例(%)

年度	2013	2014	2015	2016	2017
数值	97.8	97.8	94.4	97.7	99.2

2. 大兴安岭地区细颗粒物(PM$_{2.5}$)浓度(μg/m^3)

表 2-146　大兴安岭地区细颗粒物(PM$_{2.5}$)浓度(μg/m^3)

年度	2013	2014	2015	2016	2017
数值	—	—	24	13	19

3. 大兴安岭地区 I ～ III 类水质比例（%）

表 2-147　大兴安岭地区 I ～ III 类水质比例（%）

年度	2013	2014	2015	2016	2017
数值	—	—	—	—	100

4. 大兴安岭地区废水排放量（万 t）

表 2-148　大兴安岭地区废水排放量（万 t）

年度	2013	2014	2015	2016	2017
数值	3313.6	3805.6	3389.4	1762.1	1716.7

5. 大兴安岭地区化学需氧量 COD 排放量（t）

表 2-149　大兴安岭地区化学需氧量 COD 排放量（t）

年度	2013	2014	2015	2016	2017
数值	15421.3	15087.0	12997.4	7680.7	6537.1

6. 大兴安岭地区氨氮排放量（t）

表 2-150　大兴安岭地区氨氮排放量（t）

年度	2013	2014	2015	2016	2017
数值	1191.3	1157.2	1145.0	960.0	856.9

7. 大兴安岭地区二氧化硫排放量（t）

表 2-151　大兴安岭地区二氧化硫排放量（t）

年度	2013	2014	2015	2016	2017
数值	16300.0	16510.0	14878.7	10187.6	8564.5

8. 大兴安岭地区氮氧化物排放量（t）

表 2-152　大兴安岭地区氮氧化物排放量（t）

年度	2013	2014	2015	2016	2017
数值	11861.0	11335.5	10203.0	9730.1	4768.8

9. 大兴安岭地区烟粉排放量（t）

表 2-153　大兴安岭地区烟粉排放量（t）

年度	2013	2014	2015	2016	2017
数值	20117.7	18282.5	26425.6	11799.2	4956.8

10. 大兴安岭地区城市园林绿地面积（hm²）

表 2-154　大兴安岭地区城市园林绿地面积（hm²）

年度	2013	2014	2015	2016	2017
数值	—	—	—	—	—

11. 大兴安岭地区建成区绿化覆盖率(%)

表 2-155　大兴安岭地区建成区绿化覆盖率(%)

年度	2013	2014	2015	2016	2017
数值	—	—	—	—	—

12. 大兴安岭地区清扫保洁面积(万 m²)

表 2-156　大兴安岭地区清扫保洁面积(万 m²)

年度	2013	2014	2015	2016	2017
数值	—	—	—	—	—

说明:

2013 年,黑龙江省哈尔滨市为环境空气质量新标准(GB 3095—2012)第一阶段实施城市。其他城市执行评价《环境空气质量标准》(GB 3095—1996)。

2014 年,黑龙江省 13 个地市中哈尔滨市、齐齐哈尔市、牡丹江市和大庆市按新标准(GB 3095—2012)评价,其他 9 个地市按照老标准评价。

2015 年,黑龙江省生态环境厅官方网站根据《中华人民共和国环境保护法》的规定发布的《2015 年黑龙江省环境状况公报》,未明确标明采用的空气环境质量标准版本。

2016 年,黑龙江省生态环境厅官方网站根据《中华人民共和国环境保护法》的规定发布的《2015 年黑龙江省环境状况公报》,未明确标明采用的空气环境质量标准版本。

第二节　生态环境保护状况对比分析

为了对黑龙江省各地市生态环境保护情况进行对比分析,以表格形式对 2017 年黑龙江省 13 个地市的资源利用情况进行了排名,并按照生态环境保护所采用的 12 项指标进行正赋分赋值。各项二级指标赋值如表 2-157 所示:

表 2-157　二级指标赋值分配表

二级指标	1	2	3	4	5	6	7	8	9	10	11	12
二级指标权重	4	4	3	3	2	2	2	2	2	4	4	3

其中,1:地级及以上城市空气质量达标天数比率(%),3:地级及以上城市Ⅰ~Ⅲ类水质比例(%),10:地级及以上城市城市园林绿地面积(hm²),11:地级及以上城市建成区绿化覆盖率(%),12:地级及以上城市清扫保洁面积(万 m²),以上几个指标按从大到小排序。

其中，2：地级及以上城市细颗粒物（$PM_{2.5}$）浓度（$\mu g/m^3$），4：地级及以上城市废水排放量（万 t），5：地级及以上城市化学需氧量 COD 排放量（t），6：地级及以上城市氨氮排放量（t），7：地级及以上城市二氧化硫排放量（t），8：地级及以上城市氮氧化物排放量（t），9：地级及以上城市烟粉排放量（t），以上几个指标按从小到大排序。

"生态环境保护"数据得分情况说明："生态环境保护"数据部分在总调查中的目标分值为 35 分，具体得分设置标准及方法为：13 个地市排名第一位的赋值该项目所占权重的满分，依次每下降一位依次减少该权重的 1/13 分，并列名次取相同分数，最后得到生态环境保护评价部分总分值，进行统一对比。

各项二级指标排名情况如下：

表 2-158　地级及以上城市空气质量达标天数比例（%）

排序（得分）	地市	具体数值
1（4）	大兴安岭	99.20
2（3.692）	黑河	96.40
3（3.384）	伊春	94.00
4（3.076）	鹤岗	90.90
5（2.768）	双鸭山	90.40
6（2.460）	牡丹江	90.10
7（2.152）	佳木斯	88.80
8（1.844）	齐齐哈尔	87.40
9（1.536）	大庆	87.40
10（1.228）	绥化	86.70
11（0.920）	鸡西	84.10
12（0.612）	七台河	83.50
13（0.304）	哈尔滨	74.20

表 2-159　地级及以上城市细颗粒物（$PM_{2.5}$）浓度（$\mu g/m^3$）

排序（得分）	地市	具体数值
1（4）	大兴安岭	19
2（3.692）	伊春	23
3（3.384）	黑河	23
4（3.076）	大庆	35
5（2.768）	鹤岗	35
6（2.460）	牡丹江	36
7（2.152）	绥化	36
8（1.844）	齐齐哈尔	38

（续）

排序（得分）	地市	具体数值
9（1.536）	佳木斯	38
10（1.228）	双鸭山	42
11（0.920）	鸡西	43
12（0.612）	七台河	47
13（0.304）	哈尔滨	58

表 2-160　地级及以上城市 Ⅰ～Ⅲ 类水质比例（%）

排序（得分）	地市	具体数值
1（3）	牡丹江	100
2（2.769）	大兴安岭	100
3（2.538）	黑河	87.5
4（2.307）	齐齐哈尔	77.8
5（2.076）	双鸭山	66.7
6（1.845）	佳木斯	58.3
7（1.641）	哈尔滨	50
8（1.383）	大庆	50
9（1.152）	鸡西	50
10（0.921）	伊春	42.9
11（0.690）	绥化	20
12（0.459）	鹤岗	—
13（0.228）	七台河	—

表 2-161　地级及以上城市废水排放量（万 t）

排序（得分）	地市	具体数值
1（3）	大兴安岭	1716.7
2（2.769）	七台河	2806.1
3（2.538）	黑河	3841.5
4（2.307）	鸡西	5855.4
5（2.076）	伊春	5917.7
6（1.845）	双鸭山	5929.7
7（1.641）	鹤岗	7082.1
8（1.383）	佳木斯	7232.3
9（1.152）	绥化	11721.5
10（0.921）	齐齐哈尔	11985.2

（续）

排序（得分）	地市	具体数值
11（0.690）	牡丹江	13534.3
12（0.459）	大庆	15856.1
13（0.228）	哈尔滨	40203.7

表 2-162　地级及以上城市化学需氧量 COD 排放量（t）

排序（得分）	地市	具体数值
1（2）	七台河	2986.8
2（1.846）	绥化	3827.9
3（1.692）	大庆	4274.5
4（1.538）	大兴安岭	6537.1
5（1.384）	黑河	8391.8
6（1.230）	鹤岗	9394.5
7（1.076）	伊春	12870.6
8（0.922）	牡丹江	13480.3
9（0.768）	双鸭山	13611
10（0.614）	鸡西	15256.7
11（0.460）	佳木斯	16606.2
12（0.306）	齐齐哈尔	31942.1
13（0.152）	哈尔滨	67497.5

表 2-163　地级及以上城市氨氮排放量（t）

排序（得分）	地市	具体数值
1（2）	七台河	754.9
2（1.846）	绥化	758.1
3（1.692）	大兴安岭	856.9
4（1.538）	黑河	1197.5
5（1.384）	伊春	1398
6（1.230）	双鸭山	1677
7（1.076）	鹤岗	1872.5
8（0.922）	鸡西	2097.8
9（0.768）	佳木斯	2134.7
10（0.614）	大庆	2274.6
11（0.460）	牡丹江	2702.8
12（0.306）	齐齐哈尔	3407.5
13（0.152）	哈尔滨	11821.6

表 2-164　地级及以上城市二氧化硫排放量(t)

排序(得分)	地市	具体数值
1(2)	鸡西	7652.0
2(1.846)	大兴安岭	8564.5
3(1.692)	七台河	11132.2
4(1.538)	伊春	11138.9
5(1.384)	佳木斯	11171.8
6(1.230)	黑河	12221.8
7(1.076)	鹤岗	12468.7
8(0.922)	绥化	13260.2
9(0.768)	牡丹江	16245.9
10(0.614)	双鸭山	18837.5
11(0.460)	大庆	20927.6
12(0.306)	齐齐哈尔	33622.3
13(0.152)	哈尔滨	103599.4

表 2-165　地级及以上城市氮氧化物排放量(t)

排序(得分)	地市	具体数值
1(2)	大兴安岭	4768.8
2(1.846)	黑河	6067.3
3(1.692)	绥化	7751.9
4(1.538)	佳木斯	8808.4
5(1.384)	伊春	9709.7
6(1.230)	鸡西	11400.0
7(1.076)	双鸭山	13671.9
8(0.922)	牡丹江	15334.0
9(0.768)	鹤岗	17051.2
10(0.614)	七台河	18782.2
11(0.460)	齐齐哈尔	26594.0
12(0.306)	大庆	33824.0
13(0.152)	哈尔滨	64793.8

表 2-166　地级及以上城市烟粉排放量(t)

排序(得分)	地市	具体数值
1(2)	大兴安岭	4956.8
2(1.846)	鸡西	5303.8
3(1.692)	黑河	7916.9

（续）

排序（得分）	地市	具体数值
4（1.538）	七台河	9224.1
5（1.384）	绥化	10001.7
6（1.230）	伊春	10628.2
7（1.076）	佳木斯	13924.4
8（0.922）	牡丹江	17128.5
9（0.768）	大庆	21736.1
10（0.614）	双鸭山	28101.6
11（0.460）	鹤岗	34992.4
12（0.306）	齐齐哈尔	39601.1
13（0.152）	哈尔滨	166292.4

表 2-167　地级及以上城市城市园林绿地面积（hm^2）

排序（得分）	地市	具体数值
1（4）	哈尔滨	13958
2（3.692）	大庆	13310
3（3.384）	齐齐哈尔	6097
4（3.076）	牡丹江	5296
5（2.768）	伊春	4630
6（2.460）	佳木斯	3878
7（2.152）	鹤岗	2870
8（1.844）	鸡西	2808
9（1.536）	七台河	2710
10（1.228）	双鸭山	2319
11（0.920）	绥化	1014
12（0.612）	黑河	720
13（0.304）	大兴安岭	—

表 2-168　地级及以上城市建成区绿化覆盖率（%）

排序（得分）	地市	具体数值
1（4）	七台河	44.1
2（3.692）	双鸭山	43.7
3（3.384）	大庆	43.4
4（3.076）	佳木斯	42.2
5（2.768）	鹤岗	41.3
6（2.460）	黑河	40.6
7（2.152）	鸡西	39.5

（续）

排序（得分）	地市	具体数值
8（1.844）	齐齐哈尔	38.3
9（1.536）	哈尔滨	33.7
10（1.228）	伊春	31.5
11（0.920）	牡丹江	27.1
12（0.612）	绥化	25.3
13（0.304）	大兴安岭	—

表 2-169　地级及以上城市清扫保洁面积（万 m^2）

排序（得分）	地市	具体数值
1（3）	哈尔滨	9410
2（2.769）	大庆	3600
3（2.538）	齐齐哈尔	1887
4（2.307）	牡丹江	1444
5（2.076）	佳木斯	1316
6（1.845）	伊春	1085
7（1.641）	绥化	752
8（1.383）	鸡西	666
9（1.152）	七台河	640
10（0.921）	鹤岗	448
11（0.690）	黑河	410
12（0.459）	双鸭山	333
13（0.228）	大兴安岭	—

根据 2017 年黑龙江省 13 个地市环境保护方面的 12 项 2 级指标对应得分，各地市环境保护总体得分情况如下。

表 2-170　2017 年度哈尔滨环境保护总体得分表

二级指标	1	2	3	4	5	6	7	8	9	10	11	12
二级指标权重	4	4	3	3	2	2	2	2	2	4	4	3
2017 年度排名	13	13	7	13	13	13	13	13	13	1	9	1
得分情况	0.304	0.304	1.641	0.228	0.152	0.152	0.152	0.152	0.152	4.000	1.536	3.000
总分	11.773											

表 2-171　2017 年度齐齐哈尔市环境保护总体得分表

二级指标	1	2	3	4	5	6	7	8	9	10	11	12
二级指标权重	4	4	3	3	2	2	2	2	2	4	4	3

（续）

二级指标	1	2	3	4	5	6	7	8	9	10	11	12
2017 年度排名	8	8	4	10	12	12	12	11	12	3	8	3
得分情况	1.844	1.844	2.307	0.921	0.306	0.306	0.306	0.460	0.306	3.384	1.844	2.538
总分	16.366											

表 2-172 2017 年度大庆市环境保护总体得分表

二级指标	1	2	3	4	5	6	7	8	9	10	11	12
二级指标权重	4	4	3	3	2	2	2	2	2	4	4	3
2017 年度排名	9	4	8	12	3	10	11	12	9	2	3	2
得分情况	1.536	3.076	1.383	0.459	1.692	0.614	0.460	0.306	0.768	3.692	3.384	2.769
总分	20.139											

表 2-173 2017 年度牡丹江市环境保护总体得分表

二级指标	1	2	3	4	5	6	7	8	9	10	11	12
二级指标权重	4	4	3	3	2	2	2	2	2	4	4	3
2017 年度排名	6	6	1	11	8	11	9	8	8	4	11	4
得分情况	2.460	2.460	3	0.690	0.922	0.460	0.768	0.922	0.922	3.076	0.920	2.307
总分	18.907											

表 2-174 2017 年度鸡西市环境保护总体得分表

二级指标	1	2	3	4	5	6	7	8	9	10	11	12
二级指标权重	4	4	3	3	2	2	2	2	2	4	4	3
2017 年度排名	11	11	9	4	10	8	1	6	2	8	7	8
得分情况	0.920	0.920	1.152	2.307	0.614	0.922	2	1.230	1.846	1.844	2.152	1.383
总分	17.290											

表 2-175 2017 年度鹤岗市环境保护总体得分表

二级指标	1	2	3	4	5	6	7	8	9	10	11	12
二级指标权重	4	4	3	3	2	2	2	2	2	4	4	3
2017 年度排名	4	5	12	7	6	7	7	9	11	7	5	10
得分情况	3.076	3.076	0.459	1.641	1.230	1.076	1.076	0.768	0.460	2.152	2.768	0.921
总分	18.703											

表 2-176 2017 年度双鸭山市环境保护总体得分表

二级指标	1	2	3	4	5	6	7	8	9	10	11	12
二级指标权重	4	4	3	3	2	2	2	2	2	4	4	3

（续）

二级指标	1	2	3	4	5	6	7	8	9	10	11	12
2017 年度排名	5	10	5	6	9	6	10	7	10	10	2	12
得分情况	2.768	1.228	2.076	1.845	0.768	1.230	0.614	1.076	0.614	1.228	3.692	0.459
总分	17.598											

表 2-177　2017 年度伊春市环境保护总体得分表

二级指标	1	2	3	4	5	6	7	8	9	10	11	12
二级指标权重	4	4	3	3	2	2	2	2	2	4	4	3
2017 年度排名	3	2	10	5	7	5	4	5	6	5	10	6
得分情况	3.384	3.692	0.921	2.076	1.076	1.384	1.538	1.384	1.230	2.768	1.228	1.845
总分	22.526											

表 2-178　2017 年度佳木斯市环境保护总体得分表

二级指标	1	2	3	4	5	6	7	8	9	10	11	12
二级指标权重	4	4	3	3	2	2	2	2	2	4	4	3
2017 年度排名	7	9	6	8	11	9	5	4	7	6	4	5
得分情况	2.152	1.844	1.845	1.383	0.460	0.768	1.384	1.538	1.076	2.460	3.076	2.076
总分	20.062											

表 2-179　2017 年度七台河市环境保护总体得分表

二级指标	1	2	3	4	5	6	7	8	9	10	11	12
二级指标权重	4	4	3	3	2	2	2	2	2	4	4	3
2017 年度排名	12	12	13	2	1	1	3	10	4	9	1	9
得分情况	0.612	0.612	0.228	2.769	2	2	1.692	0.614	1.538	1.536	4	1.152
总分	18.753											

表 2-180　2017 年度黑河市环境保护总体得分表

二级指标	1	2	3	4	5	6	7	8	9	10	11	12
二级指标权重	4	4	3	3	2	2	2	2	2	4	4	3
2017 年度排名	2	3	3	3	5	4	6	2	3	12	6	11
得分情况	3.692	3.692	2.538	2.538	1.384	1.538	1.230	1.846	1.692	0.612	2.460	0.690
总分	23.912											

表 2-181　2017 年度绥化市环境保护总体得分表

二级指标	1	2	3	4	5	6	7	8	9	10	11	12
二级指标权重	4	4	3	3	2	2	2	2	2	4	4	3
2017 年度排名	10	7	11	9	2	2	8	3	5	11	12	7
得分情况	1.228	2.460	0.690	1.152	1.846	1.846	0.922	1.692	1.384	0.920	0.612	1.641
总分	16.393											

表 2-182　2017 年度大兴安岭地区环境保护总体得分表

二级指标	1	2	3	4	5	6	7	8	9	10	11	12
二级指标权重	4	4	3	3	2	2	2	2	2	4	4	3
2017 年度排名	1	1	2	1	4	3	2	1	1	13	13	13
得分情况	4	4	2.769	3	1.538	1.692	1.846	2	2	0.304	0.304	0.228
总分	23.681											

根据 2017 年黑龙江省 13 地市环境保护方面的 12 项 2 级指标对应得分，各地市环境保护总体排名情况如下。

表 2-183　2017 年黑龙江省各地市环境保护总体排名情况

排序	地市	总分
1	黑河	23.912
2	大兴安岭	23.681
3	伊春	22.526
4	大庆	20.139
5	佳木斯	20.062
6	牡丹江	18.907
7	七台河	18.753
8	鹤岗	18.703
9	双鸭山	17.598
10	鸡西	17.29
11	绥化	16.393
12	齐齐哈尔	16.366
13	哈尔滨	11.773

第三节　各地市生态环境保护总体分析及对策建议

一、各地市二级指标项目总体情况

根据本评价体系 2017 年所选取的 12 项生态文明保护二级指标数据，进行多地市横向与各地市纵向比较分析，2017 年黑龙江省 13 地市生态环境保护二级指标项目总体情况分别如下：

哈尔滨市 2017 年空气质量达标天数比例较 2016 年有所提升，但相对于其他地市，空气质量达标天数比例排名处于黑龙江省 13 地市中最后一名。城市细颗粒物（PM$_{2.5}$）浓度（$\mu g/m^3$）也呈同样态势，同样名次。地级及以上城市Ⅰ~Ⅲ类水质比例排名位于中游。废水排放量（万 t）、化学需氧量 COD 排放量（t）、氨氮排放量、二氧化硫排放量（t）、氮氧化物排放量（t）、烟粉排放量（t）均位于全省 13 地市中最后一名。哈尔滨的城市绿地面积为 13958hm^2，位于全省 13 地市第一名，相当于第 12 名黑河市城市绿地面积的 19 倍、城市建成区绿化覆盖率为第 9名，处于下游水平。城市清扫保洁面积（万 m^2）领先于全省，说明哈尔滨市作为省会城市，城市绿化与环境保护位于全省领先地位。

齐齐哈尔市 2017 年空气质量达标天数比率相对于 2016 年小幅提升，全省排名第 8 位；细颗粒物（PM$_{2.5}$）浓度（$\mu g/m^3$）较 2016 年略微升高，全省排名第 8名；Ⅰ~Ⅲ类水质比例较高，全省排名第 4 名；废水排放量（万 t）、化学需氧量 COD 排放量（t）、氨氮排放量（t）、二氧化硫排放量（t）、氮氧化物排放量（t）、烟粉排放量（t）等级项指标均位于下游水平，与城市的工业项目分布有关；城市园林绿地面积（hm^2）与 2016 年相比无数据变化；建成区绿化覆盖率（%）相对于2016 年略有下降；城市清扫保洁面积（万 m^2）有所增加，位于全省第 3 名。

大庆市空气质量达标天数比率较 2016 年小幅下降，位于全省第 9 名；细颗粒物（PM$_{2.5}$）浓度（$\mu g/m^3$）较 2016 年有所好转；Ⅰ~Ⅲ类水质比例位于全省第 8名；废水排放量（万 t）呈增加趋势，位于全省倒数第 2 名；化学需氧量 COD 排放量（t）在 2016 年大量减幅的基础上继续减少；氨氮排放量（t）增加，相当于2016 年 2 倍；二氧化硫排放量（t）位于全省倒数第 3 名；氮氧化物排放量（t）相对于 2016 年大量减少，但仍处于全省倒数第 2 名；烟粉排放量（t）有所减少；城市园林绿地面积（hm^2）大幅减少，但在全省仍居于第 2 名。建成区绿化覆盖率（%）相对于 2016 年略微下降，在全省仍居于前列；城市清扫保洁面积（万 m^2）小幅增加，位于全省第 2 名。

牡丹江市空气质量达标天数比率相对于 2016 年略有提升，位于全省第 6 名；细颗粒物（PM$_{2.5}$）浓度（$\mu g/m^3$）同样有好转趋势；Ⅰ~Ⅲ类水质比例达到百分之百，全省最优；废水排放量（万 t）增加；化学需氧量 COD 排放量（t）减少；氨氮排放量（t）减少；二氧化硫排放量（t）较少；氮氧化物排放量（t）大幅减少；烟粉排放量（t）数值变化不大；2017 年牡丹江市城市园林绿地面积（hm^2）相对于 2016年略有增加；建成区绿化覆盖率（%）增加 6 个百分点；清扫保洁面积（万 m^2）数值略有增加，体现出城市环保绿化的积极成果。

鸡西市空气质量达标天数比率相对于 2016 年数值下降较大，减少约 10 个百分点，空气质量下降严重，全省倒数第 3 名；细颗粒物（PM$_{2.5}$）浓度（μg/m³）增加，排名靠后；Ⅰ~Ⅲ类水质比例位于全省第 9 名；废水排放量（万 t）有所增加；化学需氧量 COD 排放量（t）减少；氨氮排放量（t）、二氧化硫排放量（t）、氮氧化物排放量（t）、烟粉排放量（t）这 4 项指标下降明显。城市园林绿地面积（hm²）、建成区绿化覆盖率（%）、清扫保洁面积（万 m²）这 3 项较 2016 年数值变化不大，说明城市绿化、环境保护维持 2016 年原有水平。

鹤岗市空气质量达标天数比率相对于 2016 年数值未变，位于全省第 4 名；细颗粒物（PM$_{2.5}$）浓度（μg/m³）略微下降，呈向好趋势；Ⅰ~Ⅲ类水质比例未见详实数据；废水排放量（万 t）、化学需氧量 COD 排放量（t）、氨氮排放量（t）这 3 项指标数值均小幅下降；二氧化硫排放量（t）略微增加；氮氧化物排放量（t）较 2016 年下降明显；烟粉排放量（t）增加明显，位于全省倒数第 3 名；城市园林绿地面积（hm²）、建成区绿化覆盖率（%）相较于 2016 年均略有下降；城市清扫保洁面积（万 m²）数值未变，位于全省第 10 名。

双鸭山市空气质量达标天数比率相较于 2016 年小幅下降，细颗粒物（PM$_{2.5}$）浓度（μg/m³）数值增大，这两项数据说明双鸭山市 2017 年相较于 2016 年空气质量下降；Ⅰ~Ⅲ类水质比例位于全省第 5 名；废水排放量（万 t）、化学需氧量 COD 排放量（t）、氨氮排放量（t）、二氧化硫排放量（t）均呈小幅下降趋势；氮氧化物排放量（t）、烟粉排放量（t）两项指标下降明显，说明双鸭山市工业废水废气治理成果全面向好；双鸭山市城市园林绿地面积（hm²）、建成区绿化覆盖率（%）相较于 2016 年数值变化不明显；清扫保洁面积（万 m²）略有增加，但仍处于全省第 12 名。

伊春市 2017 年空气质量达标天数比率相较于 2016 年下降 4.2 个百分点，细颗粒物（PM$_{2.5}$）浓度（μg/m³）增加 4 个百分点，说明伊春市 2017 年空气质量相较于 2016 年下降；Ⅰ~Ⅲ类水质比例位于全省第 10 名；废水排放量（万 t）增加；化学需氧量 COD 排放量（t）、氨氮排放量（t）、二氧化硫排放量（t）、氮氧化物排放量（t）、烟粉排放量（t）这几项指标数值下降明显，说明伊春市工业废水废气治理工作成效明显；伊春市 2017 年城市园林绿地面积（hm²）、建成区绿化覆盖率（%）、清扫保洁面积（万 m²）相较于 2016 年均有小幅增加，体现出城市绿化、环境保护工作有所进步。

佳木斯市 2017 年空气质量达标天数比率相较于 2016 年数值下降；细颗粒物（PM$_{2.5}$）浓度（μg/m³）数值上升，说明佳木斯市 2017 年相较于 2016 年空气质量下降；Ⅰ~Ⅲ类水质比例位于全省第 6 名；废水排放量（万 t）增加；化学需氧量 COD 排放量（t）较少；氨氮排放量（t）增加；二氧化硫排放量（t）数值下降较大；

氮氧化物排放量(t)急剧下降；烟粉排放量(t)急剧下降，说明佳木斯市工业废水废气治理工作整体取得较大成效；佳木斯市城市园林绿地面积(hm^2)、建成区绿化覆盖率(%)、清扫保洁面积(万 m^2)较 2016 年数值变化不明显，排名均位于中游水平。

七台河市 2017 年空气质量达标天数比率相较于 2016 年下降，细颗粒物($PM_{2.5}$)浓度($\mu g/m^3$)未变；Ⅰ~Ⅲ类水质比例未见数据公布；废水排放量(万 t)下降；化学需氧量 COD 排放量(t)、氨氮排放量(t)、二氧化硫排放量(t)、氮氧化物排放量(t)、烟粉排放量(t)这几项指标数值均大幅减少，全省排名呈总体上升趋势，说明当地生态文明保护取得明显成效；七台河市城市园林绿地面积(hm^2)、建成区绿化覆盖率(%)相较于 2016 年数据变化不大；清扫保洁面积(万 m^2)有所增加，位于全省第 10 名。

黑河市 2017 年空气质量达标天数比率相较于 2016 年数值未变，细颗粒物($PM_{2.5}$)浓度($\mu g/m^3$)数值未变，说明七台河市空气质量与 2016 年相同；Ⅰ~Ⅲ类水质比例位于全省第 3 名；废水排放量(万 t)、化学需氧量 COD 排放量(t)、氨氮排放量(t)、二氧化硫排放量(t)这几项指标数值均下降，氮氧化物排放量(t)数值下降减半，烟粉排放量(t)下降明显，说明黑河市工业废气废水治理成果显著；黑河市城市园林绿地面积(hm^2)、建成区绿化覆盖率(%)、清扫保洁面积(万 m^2)这 3 项指标相较于 2016 年变化不明显，受自然条件约束，全省排名靠后。

绥化市 2017 年空气质量达标天数比率相较于 2016 年数值下降，细颗粒物($PM_{2.5}$)浓度($\mu g/m^3$)数值增加 3 个百分点，说明绥化市 2017 年空气质量相较于 2016 年下降；Ⅰ~Ⅲ类水质比例位于全省第 12 名；废水排放量(万 t)、化学需氧量 COD 排放量(t)相较于 2016 年均增加；氨氮排放量(t)数值下降巨大；二氧化硫排放量(t)增加；氮氧化物排放量(t)数值下降显著；烟粉排放量(t)下降；绥化市城市园林绿地面积(hm^2)、建成区绿化覆盖率(%)、清扫保洁面积(万 m^2)3 项生态文明保护指标相较于 2016 年数值变化不大，全省总体排名靠后。

大兴安岭地区 2017 年空气质量达标天数比率相较于 2016 年增加，达到 99.2%，位于全省第 1 名；细颗粒物($PM_{2.5}$)浓度($\mu g/m^3$)增加；Ⅰ~Ⅲ类水质比例为 100%；废水排放量(万 t)、化学需氧量 COD 排放量(t)、氨氮排放量(t)、二氧化硫排放量(t)这几项指标均平稳下降；氮氧化物排放量(t)、烟粉排放量(t)下降减半，成效明显；大兴安岭城市园林绿地面积(hm^2)、建成区绿化覆盖率(%)、清扫保洁面积(万 m^2)2016 年、2017 年均未见公开统计数据。

二、存在问题分析

(一)省内各地市环境保护指标指数差距较大

通过本评价体系采取的 12 项生态文明环境保护指标数据整理、排名比较分析，2017 年黑龙江的 13 地市生态文明环境保护工作相较于 2016 年整体上取得了进步，但数据显示省内各地市环境保护指标指数差距较大，本环境保护评价体系第 1 名黑河市总体得分为 23.912 分，中间名次的七台河市整体得分为 18.753 分，最后一名哈尔滨市总体得分为 11.773 分，各地市环境保护评价指标指数差距较大，说明由于生态自然资源的地域性差异、全省工业结构布局、各地市政府环境保护工作实施力度等原因，2017 年黑龙江省生态文明环境保护工作成效各地市之间横向比较存在较大差距。

(二)二级数据表明全省空气质量总体下降

空气质量达标天数比率、细颗粒物($PM_{2.5}$)浓度($\mu g/m^3$)为本评价体系评价空气质量的两项二级数据指标。相较于 2016 年数据显示，2017 年黑龙江省 13 个地市中，除牡丹江市、大兴安岭地区空气质量达标天数比率有所提升，鹤岗市、黑河市空气质量达标天数比率数值未变，哈尔滨市、齐齐哈尔市、大庆市、鸡西市、双鸭山市、伊春市、佳木斯市、七台河市、绥化市空气达标天数比率相较于 2016 年均有所下降。相较于 2016 年数据显示，2017 年黑龙江省 13 个地市中，除大庆市、牡丹江市、鹤岗市细颗粒物($PM_{2.5}$)浓度($\mu g/m^3$)下降，七台河市、黑河市细颗粒物($PM_{2.5}$)浓度($\mu g/m^3$)数值未变，其余城市哈尔滨市、齐齐哈尔市、鸡西市、双鸭山市、伊春市、佳木斯市、绥化市、大兴安岭地区均为数值增加，说明全省 2017 年相较于 2016 年空气环境质量总体下降。

三、对策建议

(一)全面加大我省生态环境保护力度

我省应深入贯彻落实党中央、国务院关于生态文明建设和环境保护重大决策部署，创新、协调、绿色、开放、共享的发展理念，深刻领会习总书记"绿水青山就是金山银山，冰天雪地也是金山银山"重要讲话精神，对于黑龙江生态保护和经济发展的启示，保护我省整体性生态化重大利益，回应人民群众对生态环境保护的强烈诉求，加大我省生态文明建设和环境保护工作力度，强化哈尔滨市生态环境治理工作，改善哈尔滨生态文明质量，加大对哈尔滨市生态环境治理的扶持指导力度，发挥省会城市生态文明的引领示范作用。稳步推进环境污染治理工作。整合省、市两级环境监察、监测人员，在全省各地市联合开展环境执法和专项行动，探索生态补偿、排污权交易等新政策的有效实施，发挥环境监测的先锋作用，对重点企业、重点区域的排污管理进一步加强，坚持高标准严要求，持续改善环境质量，担负起黑龙江省关于国家生态安全的重大地域责任，实现我省环境保护工作成效的进一步提升，巩固我省生态大省的地位，坚持标本兼治，切实提升生态环境质量，全面推进生态龙江、美丽龙江建设。

（二）重点推进大气污染防治工作

本评价体系二级数据表明 2017 年相较于 2016 年，我省空气质量总体下降。

推进大气污染防治工作，改善全省空气环境质量，对促进我省绿色发展、增强人民群众生态环境满意度将起到十分重要的作用。由于受冬季采暖和不利气象条件等因素影响，黑龙江省环境空气质量 2017 年季节性、区域性大气污染特征相较于 2016 年更为明显，我省应按照省委省政府的部署要求，以保障公众健康为根本目的，重点推进大气污染防治，突出对燃煤、机动车、工业和扬尘等重点领域的污染防治，强化对重点区域的严格管理。应在全省范围内严控低质煤炭污染，研究制定并落实燃煤消费总量控制和煤质种类结构控制方案，逐步降低煤炭能源消费比重，减少低质煤炭使用量，增加替代优质煤炭使用量，以此优化能源结构。积极应对重污染天气。全省各地进一步完善落实重污染天气应急预案，降低重污染天气应急预案启动条件，提前做好预警并及时进入应急响应状态。完善气象部门与环保部门的重污染天气预警预报沟通会商机制，针对重污染天气演变趋势，科学调整重污染天气梯次限产、停产工作，制定应急响应措施。

第三章

各地市政府生态文明重视程度

为客观评价黑龙江省各地市地方政府对生态文明建设的重视程度，项目组成员通过现场问卷调查与网络问卷调查相结合的方式，对黑龙江省 13 个地市进行了情况调研。在总结去年调研经验的基础上，本轮调研我们通过人民群众对地方政府生态文明建设重视程度的评价，反映黑龙江各地方政府对生态文明建设重视程度的实效性。其目的在于解决政府工作人员进行自我评价所存在的主观性问题。以人民群众为调研对象反映政府重视程度，一方面可以体现中国特色社会主义生态文明建设以人民为中心的发展理念，另一方面可以客观反映黑龙江省各地方政府生态文明建设重视程度所达到的实际效果。

通过对黑龙江省各地市地方政府对生态文明建设重视程度的评价与总结，我们可以归纳黑龙江省各地方政府建设生态文明、发挥环境行政管理职能的重要因素。在以人民为中心原则的指导下，通过改进和完善生态文明建设的措施及方法，不断提高人民群众对地方政府生态文明建设的满意度和不断增强人民群众对地方政府生态文明建设成果的获得感。

第一节　评价方法的改进

在总结去年调研和评价方法存在问题的基础上，本年度对黑龙江省各地市地方政府对生态文明建设重视程度的研究无论在理论依据、问卷设计、分析工具、分析方法上都有了诸多改进。尤其是在选择分析工具和分析方法上，项目组在本章采用了 SPSS 2.0 软件进行频次分析、描述分析、因子分析、相关性分析和方差分析等社会学研究分析方法，以保证评价方法的科学性以及评价结果的客观性。

一、理论依据

去年项目组是以地方政府生态文明建设的具体工作范围为调研内容，以政府工作人员为调研对象。从地方政府生态文明建设职能出发进行自我评价。在回收问卷后，我们发现这种调研方法不能客观反映地方政府对生态文明建设的重视程度，无法得到黑龙江省各地市地方政府对生态文明建设重视程度的评价结果。因此，本轮调研我们以社会主义生态文明观的基本内涵为研究的理论依据，遵循良好生态环境是最普惠的民生福祉的基本民生观。坚持以人民为中心的发展思想，坚决打好污染防治攻坚战，增加优质生态产品供给，以满足人民日益增长的良好优美生态环境新期待，提升人民群众获得感、幸福感和安全感。在社会主义生态文明观坚持以人民为中心发展理念的指导下，本轮调研选择以人民群众为调研对象，以地方政府环境行政管理职能为调研内容，进行调查问卷以及评价体系二级指标的设计。

二、问卷设计

为了配合本轮研究所采用的分析方法，我们对调查问卷进行了相应的调整与改进。具体包括两大部分的内容，其一是调查对象的基本信息情况；其二是调查对象所在地政府对生态文明建设重视程度的量表。其中，第 2 个部分的量表设计依据的是我国政府环境行政管理的基本职能，即：宏观指导职能、统筹规划职能、组织协调职能、监督检查职能、服务咨询职能。地方政府生态文明建设重视程度的量表设计，以政府环境行政管理的基本职能为范畴，以市级环保机构的具体职能为内容，得出因子分析的量表指标。

三、分析工具和分析方法

为提升研究的系统性和科学性，本轮评价研究采用了 SPSS 2.0 数据分析软件工具，运用频次分析、描述分析、因子分析、相关性分析和方差分析等社会学研究分析方法对问卷数据进行整理分析进而得到相应结论。其中主要运用因子分析法对问卷量表进行降维处理，得出三级指标并依据因子分析的结论对三级指标的权重进行赋值。科学有效地解决了三级指标设定和权重的非客观性的问题。

第二节　评价步骤与三级指标的确定

本部分主要包括两部分的内容，其一是本章所运用的分析方法的具体运用原理以及解决的主要问题；其二是依据数据分析方法对评价体系的三级指标进行确定，并根据因子分析的结果对三级指标的权重进行赋值，得出黑龙江省各地方政府生态文明建设重视程度综合评价得分的计算公式。

一、评价原理和步骤

本章研究所运用的主要分析方法是因子分析法。因子分析是一种通过显示变量测评潜在变量，通过具体指标测评抽象因子统计的分析方法。它的基本思路是将实测的多个指标用少数几个潜在指标的线性组合表示。其目的在于对变量或样本进行分类，寻求基本结构的简化系统以及得出潜在指标的线性表达。

第一步骤：根据问卷对调查对象基本信息的数据进行频次分析和描述分析，得出个案在变量中的分布情况和具体数值。此步骤的目的是掌握个案及个案的分布情况，为后续分析奠定基础。

第二步骤：以政府环境行政管理的基本职能为范畴，以市级环保机构的具体职能为内容，对黑龙江地方政府生态文明建设的具体职能进行概括和划分，具体分解为十二因素。将 12 个因素作为进行量表设计，并将它们作为因子分析的实测指标。

第三步骤：对 15 个实测指标进行降维处理，得出影响黑龙江省各地方政府生态文明建设重视程度的潜在公因子，每个公因子是就是评价黑龙江省各地方政府生态文明建设重视程度的三级指标。通过因子分析得出每个公因子的因子贡献率，每个公因子的因子贡献率即为黑龙江省各地方政府生态文明建设重视程度三级指标的权重赋值。根据因子的贡献率(权重赋值)，得出公因子的线性表达公式，进而计算黑龙江省各地方政府生态文明建设重视程度的综合评价得分。

第四步骤：对潜在因素之间和每个潜在因素与综合得分之间分别进行相关性分析，借助相关性分析研究每个潜在因素是否能够独立表示地方政府生态文明建设的某个职能。同时，通过研究每个潜在因素与综合得分的相关程度，检验因子分析的相关结论。

第五步骤：以调研对象的各个基本信息数据为因变量，黑龙江省各地方政府生态文明建设重视程度的综合评价得分为因子，分别进行单因素方差分析。据以检验推断各组样本之间是否存在显著差异，若存在差异就说明该因素对影响是显著的。

第六步骤：通过评价体系的构建，得出黑龙江省各地方政府生态文明建设重视程度的综合评价得分，对比黑龙江省各地方政府在生态文明建设方面的重视程度。同时通过提取潜在因子，分析黑龙江省各地方政府在生态文明建设工作中通过哪些途径和具体措施可以提高人民群众对地方政府生态文明建设的满意度以及对地方政府生态文明建设成果的获得感。为黑龙江省地方政府完善生态文明建设的行政管理职能和生态文明建设的具体措施提供参考依据。

二、三级指标的确定

首先对黑龙江地方政府生态文明建设的具体职能进行概括和划分，具体分解为十二因素（表3-1）。将12个因素进行量表设计，并将它们作为因子分析的实测指标。

表 3-1　黑龙江省地方政府生态文明建设的行政职能

指标	非常重视	比较重视	一般	比较不重视	非常不重视
1. 有效解决所在地突出的生态环境问题					
2. 设置必要的专门环境保护机构					
3. 依法对环境产生影响的社会经济活动进行有效监督					
4. 积极开展对下级政府和企业的环境保护的指导					
5. 提升发展生态经济和经济生态的能力					
6. 有效地改善居住环境，提供优质的生态产品					
7. 积极开展环境保护的宣传教育					
8. 政府对生态环境目标、政策的有效执行能力					
9. 提升环境保护的科技创新能力					
10. 根据城市特色，发展生态文化的能力					
11. 制定环保法规及环保标准（相关地方法规、企业准入条件等）					
12. 制定适合当地的环境发展战略（如环境目标规划、政策制度）					

对12个实测指标进行降维处理，进行因子分析。借助相关系数矩阵、反映像相关矩阵、巴特利特球度检验和KMO（Kaiser-Meyer-Olkin）检验方法分析。因子分析前，首先进行KMO检验和巴特利球体检验。KMO检验用于检查变量间的相关性和偏相关性，取值为0~1。KMO统计量越接近于1，变量间的相关性越强，偏相关性越弱，因子分析的效果越好。通过数据结论显示，大部分相关系数都较高，线性关系较强，KMO为0.933，可以提取公共因子，适合因子分析。在KMO中，概率为0.000小于显著性水平，拒绝原假设，与单位矩阵有显著差异。

为了保证问卷量表中的指标体系具有一定的稳定性和可靠性，在对实测指标进行因子分析前还要对指标进行信度分析，以确保我们选择的测量工具和评价结果的准确性。在选取（Cronbach）α系数模型后，得出信度系数是0.946，大于0.80，因此总体上此量表编制的内在信度是比较理想的。

为了更好的解释黑龙江省地方政府生态文明建设职能的公共因子，我们用方差最大化正交旋转的方法进行因子旋转并选取因子特征值大于 1 的因子作为主因子。通过这种选取因子的方法只得到一个公因子，因子贡献率为 62.649%。由于此次分析的因子贡献率并不理想，因此我们更换了抽取因子的方法，我们采用方差最大化正交旋转的方法进行因子旋转，以固定因子数量确定提取因子。在多次检测中，我们发现指标 4 和指标 10 与主因子关联性不大，并直接影响了公共因子的累积贡献率。因此，根据实测指标与公共因子的关联性，提高公共因子的累计贡献率，我们剔除了与公共因子相关度较低的 2 个因子，即：积极开展对下级政府和企业的环境保护的指导和根据城市特色发展生态文化的能力。经过以上分析，我们最终确定了 10 个实测指标，将 10 个指标按照主成分提取法经过旋转 5 次后，共提取了 4 个公因子。这 4 个因子的方差占总方差的 81.102%（表 3-2），能比较全面地反映所有信息。其中公因子 F_1 旋转后的方差贡献率是 23.729%，公因子 F_2 旋转后的方差贡献率是 22.291%，公因子 F_3 旋转后的方差贡献率是 18.970%，公因子 F_4 旋转后的方差贡献率是 16.113%。

表 3-2　总方差解释表

成分	初始特征值			提取平方和载入			旋转平方和载入		
	合计	方差的百分比(%)	累积百分比(%)	合计	方差的百分比(%)	累积百分比(%)	合计	方差的百分比(%)	累积百分比(%)
1	6.288	62.884	62.884	6.288	62.884	62.884	2.373	23.729	23.729
2	0.777	7.770	70.655	0.777	7.770	70.655	2.229	22.291	46.020
3	0.547	5.473	76.128	0.547	5.473	76.128	1.897	18.970	64.989
4	0.497	4.974	81.102	0.497	4.974	81.102	1.611	16.113	81.102
5	0.452	4.522	85.624						
6	0.340	3.403	89.027						
7	0.320	3.204	92.232						
8	0.317	3.174	95.406						
9	0.266	2.657	98.063						
10	0.194	1.937	100.000						

提取方法：主成分分析。

根据表 3-3 各个共因子的载荷矩阵，可以得出公因子 F_1 在解决问题、环保机构和有效监督 3 个指标中载荷较大，这些指标与地方政府对生态文明建设的监督管理职能有关。共因子 F_2 在宣传教育、执行能力和科技创新 3 个指标中载荷较大，这些指标与地方政府对生态文明建设的科技教育服务职能有关。共因子 F_3 在发展战略和环保标准 2 个指标中载荷较大。这两个指标是与地方政府对生态文明建设的制度建设职能有关。共因子 F_4 在生态经济和生态环境 2 个指标中载荷较大。这两个指标是与地方政府对提供生态产品改善居民生活环境有关。

综上所述，公因子 F_1 可以定义为监督管理，公因子 F_2 可以定义为服务与执行，公因子 F_3 可以定义为制度建设，公因子 F_4 可以定义为生产生活。

表 3-3　旋转成分矩阵[a]

	成分			
	1	2	3	4
解决问题	0.840			
环保机构	0.750			
有效监督	0.724			
宣传教育		0.780		
执行能力		0.714		
科技创新		0.670		
发展战略			0.826	
环保标准			0.764	
生态经济				0.816
居住环境				0.668

提取方法：主成分。旋转法，具有 Kaiser 标准化的正交旋转法。a. 旋转在 5 次迭代后收敛。

通过因子分析，我们可以得出黑龙江省地方政府生态文明建设重视程度评价体系的三级指标分别为监督管理、服务与执行、制度建设、生产生活。

4 个三级指标的权重分别为 0.23729、0.22291、0.1897、0.16113。综合因子得分 $F = 0.23729 \times F_1 + 0.22291 \times F_2 + 0.1897 \times F_3 + 0.16113 \times F_4$。

第三节　评价结果及分析

一、相关性分析

为了进一步了解 4 个三级指标之间的相互关系以及各自在评价体系中起到怎样的作用，探讨三级指标对综合评价分数的独立影响和作用，印证因子分析结果的可靠性，我们对三级指标之间以及三级指标和综合得分指数之间做了相关性分析。分析结果说明 4 个三级指标与综合评价得分指数之间具有高度相关性(如表 3-4 所示)，证明黑龙江省地方政府生态文明建设在监督管理、服务与执行、制度建设、生产生活 4 个方面的工作直接影响公众对地方政府生态文明建设重视程度的评价以及人民群众对地方政府生态文明建设成果的获得感、幸福感和安全感。

表 3-4 公因子与综合评价指数的相关性

		F_1	F_2	F_3	F_4	综合得分
综合得分	Pearson 相关性	0.579**	0.544**	0.463**	0.393**	1
	显著性(双侧)	0.000	0.000	0.000	0.000	—
	N	999	999	999	999	999

注：**为在 0.01 水平(双侧)上显著相关。

二、方差分析

为了得出更多影响黑龙江省各地方政府生态文明建设重视程度有关的变量，以及变量层级与综合评价得分的关系，分析调研对象的类别性自变量对综合评价得分因变量的影响和影响强度，我们将个案的类别变量和定序变量分别与综合评价得分做了方差分析。经过分析只有经济状况这一类别变量既符合方差齐性检验，其检验的 p 值近似为 0，如表 3-5 和表 3-6 所示。

表 3-5 方差齐性检验表

综合得分			
Levene 统计量	df_1	df_2	显著性
7.066	4	994	0.000

表 3-6 单因素方差分析表 ANOVA

	平方和	df	均方	F	显著性
组间	3.830	4	0.958	5.811	0.000
组内	163.778	994	0.165	—	—
总数	167.608	998	—	—	—

系统默认的显著性水平为 0.05，p 值小于显著性水平，我们有理由拒绝原假设，认为不同经济状况地区的公众对地方政府生态文明建设重视程度的评价产生了显著影响。综上所述，如果只考虑经济状况单个因素的影响，则在综合评价地方政府重视程度的总变差中，F 统计量为 5.81。此分析说明经济状况越富裕的地区，公众对地方政府生态文明建设重视程度的评价就越高。也可以从一个角度反映，地方政府对生态文明建设重视程度越高，该地区的经济发展状况就越好(图 3-1)。

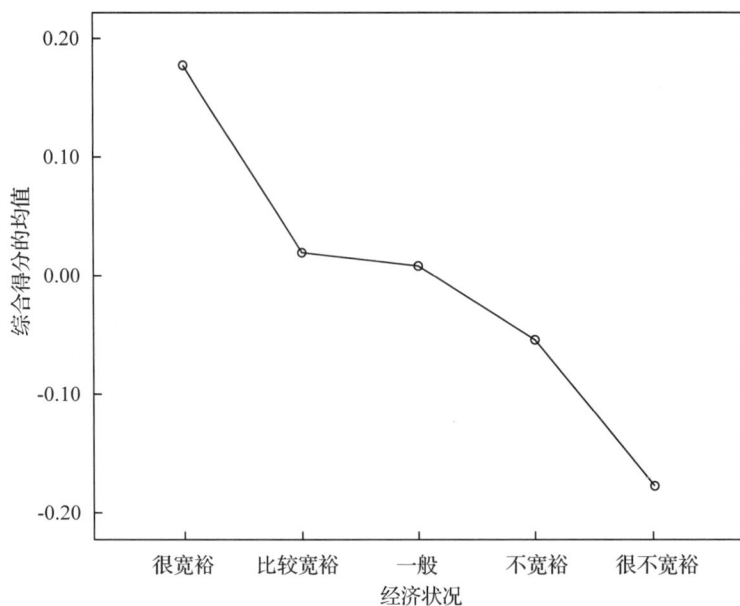

图 3-1 不同经济状况对综合得分影响示意

三、评价结果

黑龙江省地方政府生态文明建设重视程度评价体系的三级指标分别为监督管理、服务与执行、制度建设、生产生活 4 个三级指标的权重分别为 0.23729、0.22291、0.1897、0.16113。

综合因子得分 $F = 0.23729 \times F_1 + 0.22291 \times F_2 + 0.1897 \times F_3 + 0.16113 \times F_4$。经过变量计算公式得出黑龙江省 13 个地市的综合得分的均值如表 3-7 和图 3-2 所示。

表 3-7 黑龙江省各地方政府生态文明建设重视程度综合得分标准化均值表

所在城市	均值	N	标准差
哈尔滨	−0.1857	99	0.26810
黑河	0.2906	55	0.23922
七台河	0.0646	87	0.43292
绥化	0.3764	45	0.20740
大兴安岭	0.0475	67	0.42132
齐齐哈尔	−0.0990	81	0.34241
大庆	0.0258	77	0.36602
牡丹江	0.0276	85	0.30332
佳木斯	−0.0398	81	0.50214

(续)

所在城市	均值	N	标准差
鸡西	0.1857	70	0.35991
鹤岗	−0.1316	101	0.49037
双鸭山	−0.1398	86	0.38832
伊春	−0.0633	65	0.44010
总计	0.0000	999	0.40981

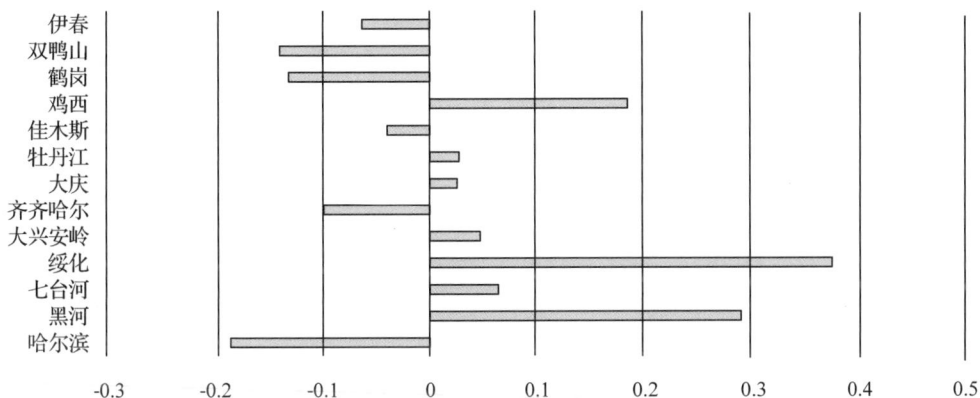

图 3-2　黑龙江省各地方政府生态文明建设重视程度综合得分均值

将标准化数据转化成为本部分所占分数，标准化数据范围是(−1，1)为定义域，(0，10)为值域。定义域是自变量的取值范围，值域为因变量的取值范围。设 $y=ax+b$，取两组对应的中点和右端点。经过公式计算得出黑龙江省 13 个地市的转换后的综合得分如表 3-8 和图 3-3 所示。

$$(0，5)\begin{bmatrix} a*0+b=5 \\ a*1+b=10 \end{bmatrix} \xrightarrow{a=5} \begin{bmatrix} b=5 \\ y=5x+5 \end{bmatrix}$$
$$(0，10)$$

表 3-8　黑龙江省各地方政府生态文明建设重视程度转化综合得分表

所在城市	均值	N	转换得分
哈尔滨	−0.1857	99	4.0715
黑河	0.2906	55	6.453
七台河	0.0646	87	5.323
绥化	0.3764	45	6.882
大兴安岭	0.0475	67	5.2375
齐齐哈尔	−0.0990	81	4.505
大庆	0.0258	77	5.129
牡丹江	0.0276	85	5.138
佳木斯	−0.0398	81	4.801

（续）

所在城市	均值	N	转换得分
鸡西	0.1857	70	5.9285
鹤岗	−0.1316	101	4.342
双鸭山	−0.1398	86	4.301
伊春	−0.0633	65	4.6835
总计	0.0000	999	66.795

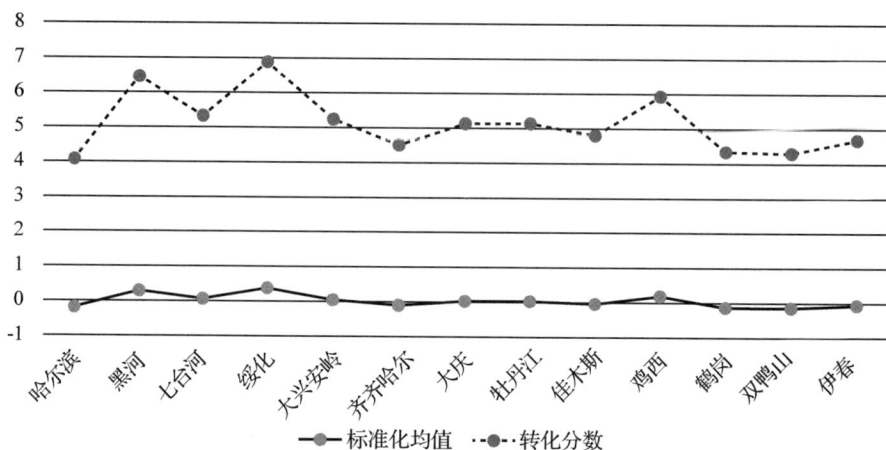

图 3-3　各地方政府生态文明建设重视程度综合得分标准化均值与转换分数对比

第四节　存在的问题及改进措施

一、存在的问题

1. 对于指标的量表设计还存在测量尺度过小的问题，作为尺度变量在进行计算中数据计算的宽度不够，一方面会影响量表的科学性，一方面在比较数据的过程中出现差距不明显的现象。

2. 在确定实测指标时，个别指标的表述不明确或存在调查对象难以理解现象，导致公因子定义时存在定义困难的问题。

3. 对于调研对象基本情况部分的设计缺乏科学性和艺术性。没有体现此部分各个变量与地方政府生态文明建设重视程度评价之间的影响关系，导致分析方法使用单一，数据浪费的问题。

二、改进及措施

1. 进一步完善量表文字表达的准确度和提高量表的测量宽度，提高量表设计的客观性、科学性和有效性。

2. 进一步完善问卷设计的其他类型变量，深入挖掘影响黑龙江各地方政府生态文明建设重视程度评价相关的变量。

第四章

各地市生态文明教育情况

随着生态文明建设在中国特色社会主义建设中的地位不断提升,提高全民生态文明意识的任务日益艰巨。生态文明教育是塑造生态文明的有效途径,是衡量公众参与生态环境保护、提高生态文明意识的重要载体。要全面地强化生态意识和提升生态文明建设,使每个公民自觉维护与其自身生存和发展休戚与共的生态环境,最行之有效的途径就是进行生态文明教育。

本部分内容在前期已通过实地考察、入校访谈、发放和收集调查问卷等方式对黑龙江省13个地市进行了生态文明教育的调研,通过调研了解了各地市生态文明教育的情况,进行本部分评价的目的是总结调研数据,分析各地市研究生态文明教育中的问题并提出解决对策,从而提高生态文明教育质量,促进生态文明建设。也方便查找生态文明教育领域存在的问题和不足,为各地区、各学校改进教育工作、推进生态文明建设提供参考依据。

第一节　指标统计方法及分析

一、各地市生态文明教育情况二级指标统计方法

生态文明教育情况在本次生态文明建设评价目标体系中目标类分值是10,为了更科学全面地反映黑龙江省各地市生态文明教育情况,生态文明教育调研设置了4个二级指标,指标内容和权数情况是:

生态文明教育重视情况(权数3);

生态文明意识培养情况(权数3);

生态文明行为养成情况(权数2);

生态文明教育保障情况(权数2)。

在对4个二级指标进行调研的过程中,采取抽样调查的方法,共设计了15

道题目支撑 4 个二级指标，每道题目的选项分为 5 个等级，按照程度由高到低依次降序排列。选项的文字表述不尽相同，为便于统计，每道题选项 A 归纳为"非常好"；选项 B 归纳为"好"；选项 C 归纳为"一般"；选项 D 归纳为"不好"；选项 E 归纳为"很不好"。为了对 15 道题目进行科学的分析和统计，每道题目设置了相应的权数。

(一)第 1 个二级指标的内容、权数和计算方法

第 1 个二级指标为生态文明教育重视情况，共设置了 4 道题目，内容和权数分别是：

对生态文明知识学习掌握情况(权数 0.6)；

本市对生态文明教育的支持关注情况(权数 0.6)；

本市营造生态文明氛围情况(权数 0.9)；

本市生态文明教育工作落实及效果情况(权数 0.9)。

计算方法是对调查题目的选项进行赋权，每道题目根据赋权比例获得最后的分数，然后进行相加，就是第 1 个二级指标情况的结果。

比如：本市对居民生态文明教育重视情况共 5 个等级，其中非常好的百分比例=(对生态文明知识学习掌握情况×0.6+本市对生态文明教育的支持关注情况×0.6+本市营造生态文明氛围情况×0.9+本市生态文明教育工作落实及效果情况×0.9)/3。

(二)第 2 个二级指标的内容、权数和计算方法

第 2 个二级指标生态文明意识培养情况，共设置了 4 道题目，内容和权数分别是：

对生态文明等相关概念的了解情况(权数 0.9)；

本市对生态文明相关的重要时间节点节日的宣传情况(权数 0.6)；

本市生态文明教育产生的影响(权数 0.6)；

市民生态文明参与意识培养情况(权数 0.9)。

计算方法是对调查题目的选项进行赋权，每道题目根据赋权比例获得最后的分数，然后进行相加，就是第 1 个二级指标情况的结果。

比如：本市对居民生态文明意识培养情况共 5 个等级，其中非常好的百分比例=(对生态文明等相关概念的了解情况×0.9+本市对生态文明相关的重要时间节点节日的宣传情况×0.6+本市生态文明教育产生的影响×0.6+市民生态文明参与意识培养情况×0.9)/3。

（三）第 3 个二级指标的内容、权数和计算方法

第 3 个二级指标为生态文明行为养成情况，共设置了 4 道题目，内容和权数分别是：

是否注重生态文明行为习惯（权数 0.5）；

是否关注热门话题如垃圾分类（权数 5）；

生活中是否使用塑料制品（权数 0.5）；

是否为了缩短道路而穿草坪（权数 0.5）。

计算方法是对调查题目的选项进行赋权，每道题目根据赋权比例获得最后的分数，然后进行相加，就是第 1 个二级指标情况的结果。

比如：本市对居民生态文明行为养成情况共 5 个等级，其中非常好的百分比例＝（是否注重生态文明行为习惯×0.5＋是否关注热门话题如垃圾分类×0.5＋生活中是否使用塑料制品×0.5＋是否为了缩短道路而穿草坪×0.5）/2。

（四）第 4 个二级指标的内容、权数和计算方法

第 4 个二级指标为生态文明教育保障情况，共设置了 3 道题目，内容和权数分别是：

生态文明教育纳入公共教育情况（权数 0.6）；

生态文明教育纳入法律法规情况（权数 0.6）；

生态文明师资队伍建设情况（权数 0.8）。

计算方法是对调查题目的选项进行赋权，每道题目根据赋权比例获得最后的分数，然后进行相加，就是第 1 个二级指标非常好的结果。

比如：居民对政府生态文明教育保障情况共 5 个等级，其中非常好的百分比例＝（生态文明教育纳入公共教育情况×0.6＋生态文明教育纳入法律法规情况×0.6＋生态文明师资队伍建设情况×0.9）/2。

二、各地市生态文明教育情况二级指标分析结果

（一）哈尔滨市生态文明教育情况二级指标单项分析结果

1. 哈尔滨市生态文明教育重视情况

哈尔滨市 16.6% 的居民认为生态文明教育重视程度非常好，大部分居民认为生态文明教育并没取得太大的良好效果，有些工作只是浮于表面，当地政府应加紧生态文明教育工作，落到实处。具体情况如图 4-1 所示：

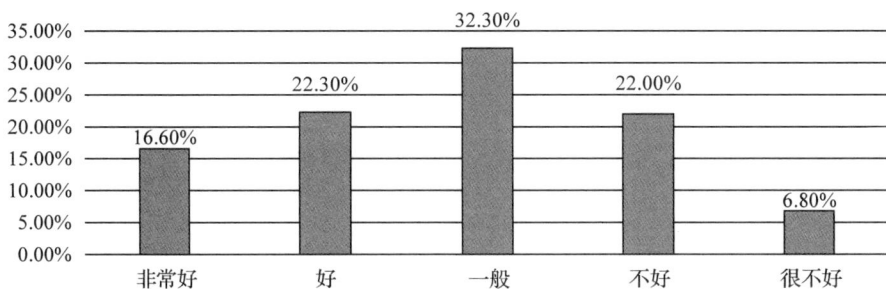

图 4-1　哈尔滨市生态文明教育重视情况

2. 哈尔滨市生态文明意识培养情况

哈尔滨市居民有部分的市民表示生态文明意识培养的不好，三分之一的市民表示一般，也有小部分市民表示非常好，这说明哈尔滨市在营造良好的生态文明氛围方面表现尚可，但也仍需加强，如对世界环境日、植树节等时间点应该加大宣传力度，争取全民知晓。具体情况如图 4-2 所示：

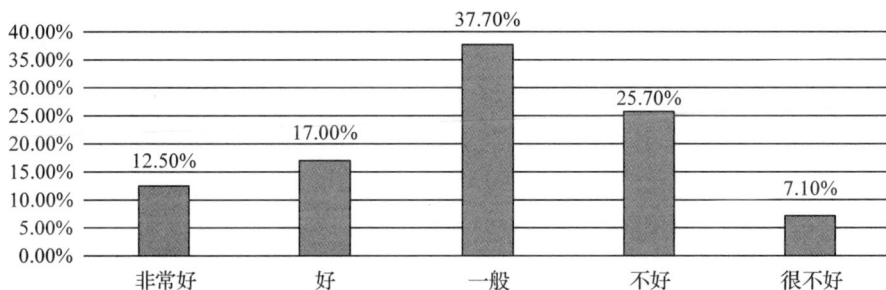

图 4-2　哈尔滨市生态文明意识培养情况

3. 哈尔滨市生态文明行为养成情况

哈尔滨市居民对生态文明行为养成情况认为较好，这说明当地应该加强生态文明教育，使市民能够意识到生态文明建设的重要性，并转化为动力。也说明本市生态行为的养成仍然需要加强。具体情况如图 4-3 所示：

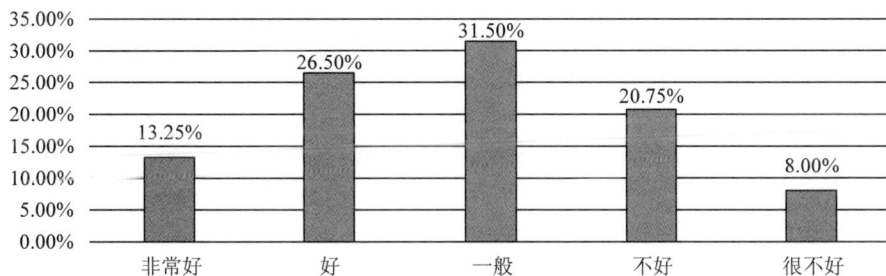

图 4-3　哈尔滨市生态文明行为养成情况

4. 哈尔滨市生态文明教育保障情况

哈尔滨市居民对生态文明教育保障的认同的总体评价最高，30%左右的哈尔滨市居民对本地生态文明教育保障方面的理念和生态文明教育保障举措持肯定态度。但多数市民表示建议在生态文明建设师资力量方面需要进一步加强。具体情况如图4-4所示：

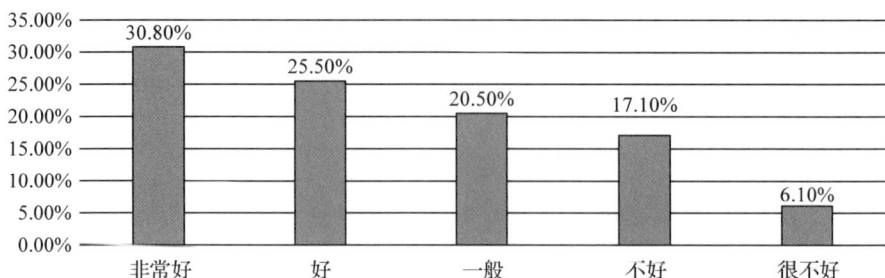

图4-4 哈尔滨市市生态文明教育保障情况

（二）哈尔滨市生态文明教育情况二级指标单项分析结果

1. 齐齐哈尔市生态文明教育重视情况

齐齐哈尔市民对当地政府为生态文明教育所提供的重视和关注情况还是相对认可。当地市民对本市的生态文明氛围和环境的建设情况及当地市政府进行生态文明教育的效果大部分市民表示比较认可。总之，齐齐哈尔市在生态文明教育方面的工作相对落实较好，但是在今后的生态文明建设过程中，对市民进行生态文明知识的宣传教育应当得以重视，提高生态文明知识的普及度。具体情况如图4-5所示：

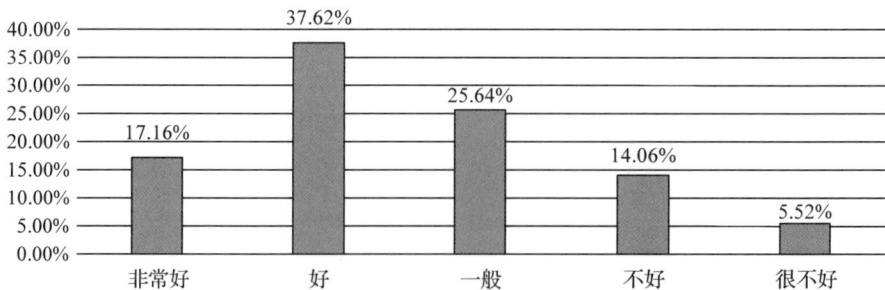

图4-5 齐齐哈尔市生态文明教育重视情况

2. 齐齐哈尔市生态文明意识培养情况

当地市政府对市民生态文明意识的培养情况落实效果较好，但是对世界环境日、世界水日、世界地球日、植树节等相关节日的宣传力度较小，使当地市民对这些节日不甚了解，但是综合整体情况来看，当地政府在这方面的工作落实还是比较到位的。具体情况如图 4-6 所示：

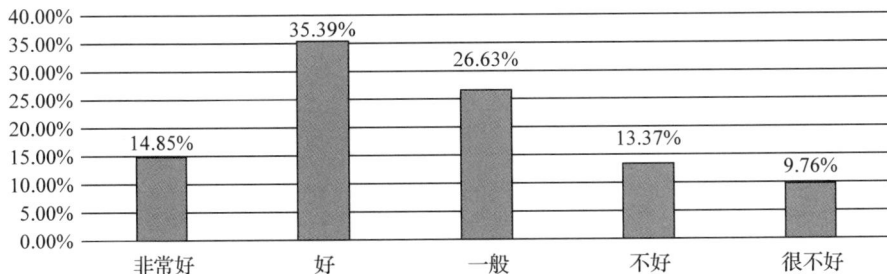

图 4-6　齐齐哈尔市生态文明意识培养情况

3. 齐齐哈尔市生态文明行为养成情况

当地市民在生态文明行为养成方面的表现参差不齐。例如，本市市民的环境保护、勤俭节约、不践踏草坪则做得相对较好，但是在垃圾分类、塑料袋使用等方面则做得相对较差。这里面既有主观因素，也有客观因素，主观因素就是人们在这方面的意识不强，对于垃圾分类，人们没有相应的知识储备，不懂度如何进行垃圾分类，使用塑料袋完全就是图个方便。客观因素就是各方面环境因素的影响，包括政府在这一方面的管理工作做得不到位。因此后续要加强对市民进行这方面的意识培养，政府也应当采取切实有效的措施积极推动该方面情况的改善。具体情况如图 4-7 所示：

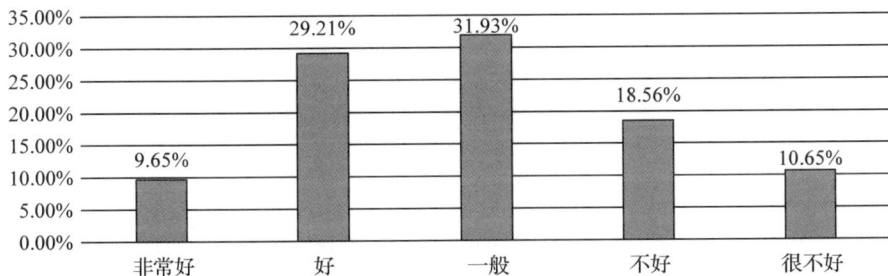

图 4-7　齐齐哈尔市生态文明行为养成情况

4. 齐齐哈尔市生态文明教育保障情况

齐齐哈尔市在生态文明教育保障方面的工作落实比较到位，取得了一定的实际效果，并且得到市民们的普遍认可。但是问题依旧是存在的，例如，工作落实不扎实、制度政策有待进　步建立健全、行动的有效性等有待进一步提高。具体情况如图 4-8 所示：

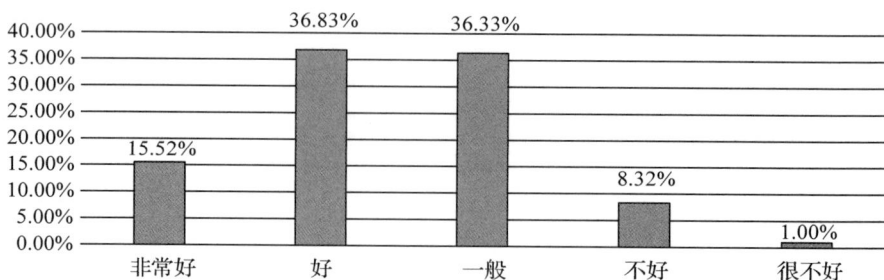

图 4-8　齐齐哈尔市生态文明教育保障情况

（三）牡丹江市生态文明教育情况二级指标单项分析结果

1. 牡丹江市生态文明教育重视情况

大部分的市民认为牡丹江市比较注重生态文明教育的支持和关注，而小部分调查对象不认同，还有部分调查对象对此事并不怎么关注。总体来说牡丹江市生态文明教育重视程度还是得到了大多数市民的认可。具体情况如图 4-9 所示：

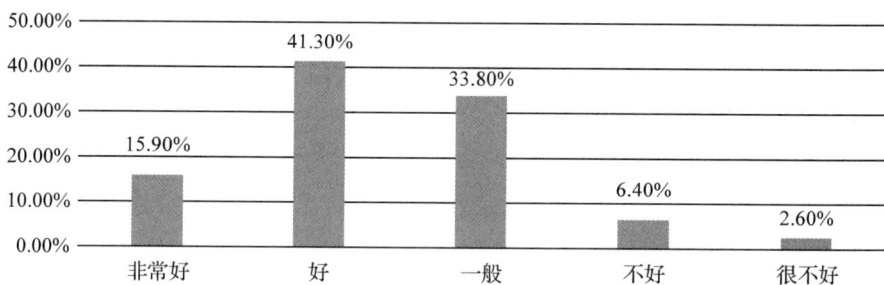

图 4-9　牡丹江市生态文明教育重视情况

2. 牡丹江市生态文明意识培养情况

牡丹江市市民对生态文明意识培养情况总体认为很好，是四项指标中总体最好的一项，对生态文明相关概念较为熟悉，对于身边人生态意识的培养有很大的影响较为认同。具体情况如图 4-10 所示：

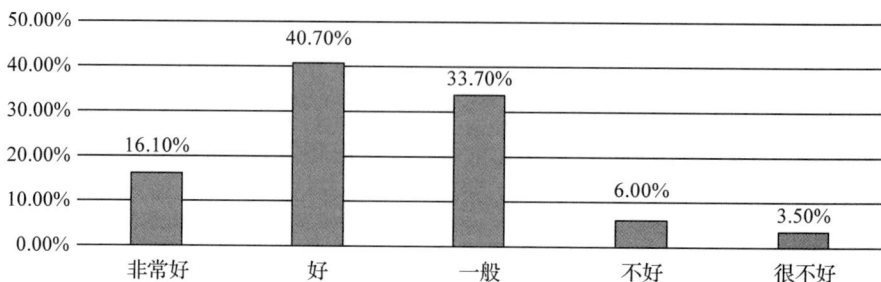

图 4-10　牡丹江市生态文明意识培养情况

3. 牡丹江市生态文明行为养成情况

调查人数占总调查人数 15.5% 的市民认为本市市民非常注重保护环境，生态文明行为养成情况好，部分市民对于保护环境、不践踏草坪等行为意识上还有所欠缺。具体情况如图 4-11 所示：

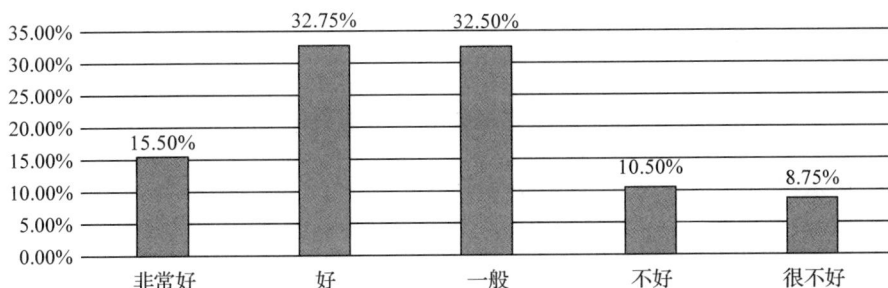

图 4-11　牡丹江市生态文明行为养成情况

4. 牡丹江市生态文明教育保障情况

大部分市民认为牡丹江市生态文明教育已纳入公共教育中，并且确立或设立了行政主管部门，把工作层层落实，并制定法律法规，为生态文明教育提供政策支持，加强师资建设，但有小部分市民并不这样认为，生态文明教育保障情况有待提高。具体情况如图 4-12 所示：

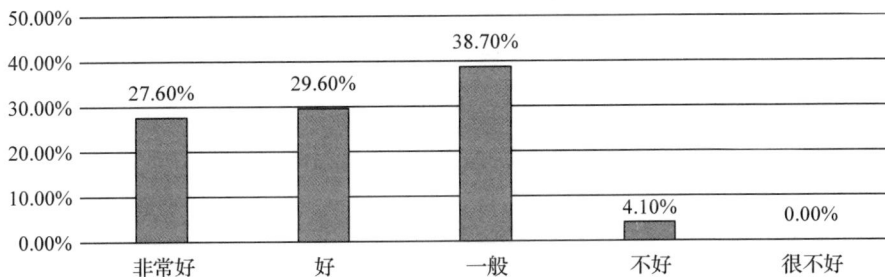

图 4-12　牡丹江市生态文明教育保障情况

(四) 佳木斯市生态文明教育情况二级指标单项分析结果

1. 佳木斯市生态文明教育重视情况

佳木斯市市民均表示接触过生态文明知识学习的相关内容，对生态文明教育提供的持续性支持与帮助较好，居民满意度高。营造的良好生态文明氛围与环境优良。具体情况如图 4-13 所示：

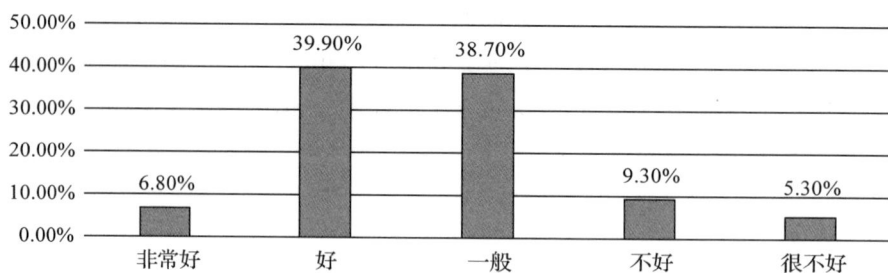

图 4-13　佳木斯市生态文明教育重视情况

2. 佳木斯市生态文明意识培养情况

佳木斯市大部分市民表示对生态文明、可持续发展、低碳生活等与生态文明建设紧密相关的词汇概念有大概的了解和认知，却不能熟悉掌握，只有小部分市民能够熟悉该类概念。对生态文明教育的重视程度较高，大多数市民认为生态环境保护教育对孩童影响非常大，希望政府加大生态文明教育培养力度，帮助下一代人培养生态文明意识。具体情况如图 4-14 所示：

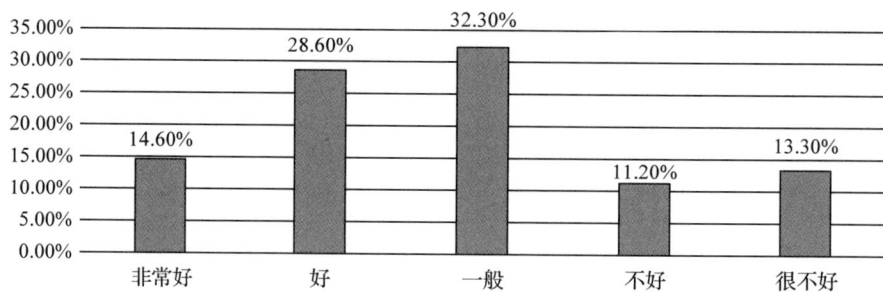

图 4-14　佳木斯市生态文明意识培养情况

3. 佳木斯市生态文明行为养成情况

佳木斯市市民对生态文明行为养成情况较乐观，但依旧存在不足，如使用塑料袋频率较高，仍旧有较大的提升空间。具体情况如图 4-15 所示：

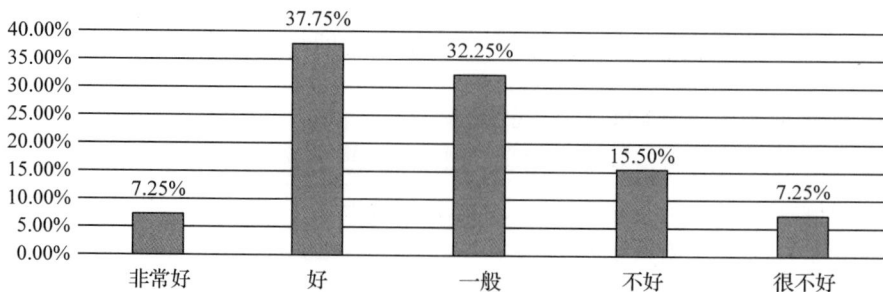

图 4-15　佳木斯市生态文明行为养成情况

4. 佳木斯市生态文明教育保障情况

佳木斯市市民认为生态文明教育保障情况落实很好，四项指标对比较为不错（图 4-16）。

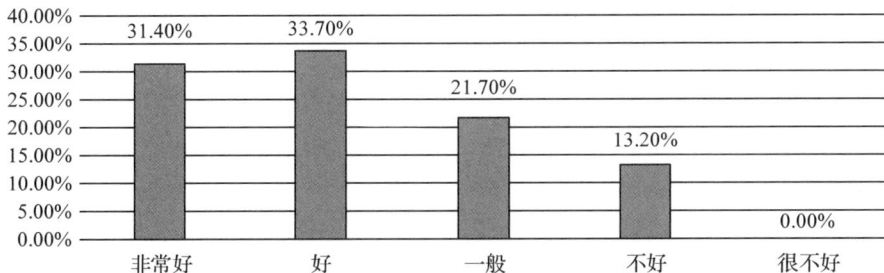

图 4-16　佳木斯市生态文明教育保障情况

(五)大庆市生态文明教育情况二级指标单项分析结果

1. 大庆市生态文明教育重视情况

大庆市生态文文明氛围和环境环境情况相对较好，但后续需要进一步发挥媒体的宣传效力，并通过举办各类生态文明主题知识讲座来提升当地市民的生态意识，营造良好的生态文明氛围和生态文明环境。具体情况如图 4-17 所示：

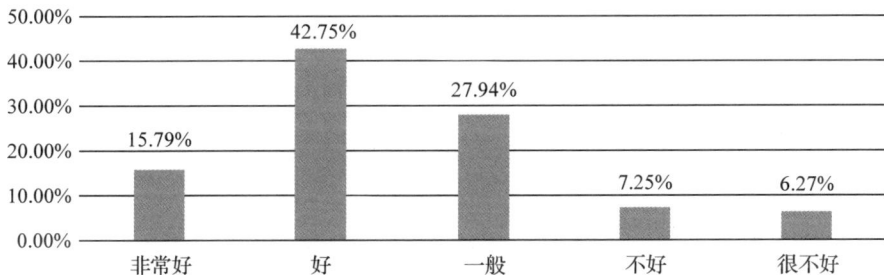

图 4-17　大庆市生态文明教育重视情况

2. 大庆市生态文明意识培养情况

大庆市生态文明意识培养情况较好，存在的问题是大庆市政府对生态文明建设相关工作的重视度略显不足，从而导致当地市民对生态文明相关知识概念的了解甚少。具体情况如图 4-18 所示：

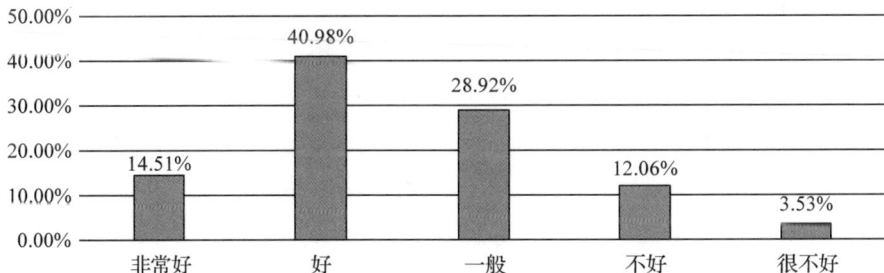

图 4-18　大庆市生态文明意识培养情况

3. 大庆市生态文明行为养成情况

大庆市市民在生态文明意识自觉和行为自觉能力比较强，但是在垃圾分类等需要一定知识储备为基础的方面做的则不够好，需要大庆市政府在今后的工作中不断加强对市民进一步加强相关生态文明行为的养成教育。具体情况如图4-19 所示：

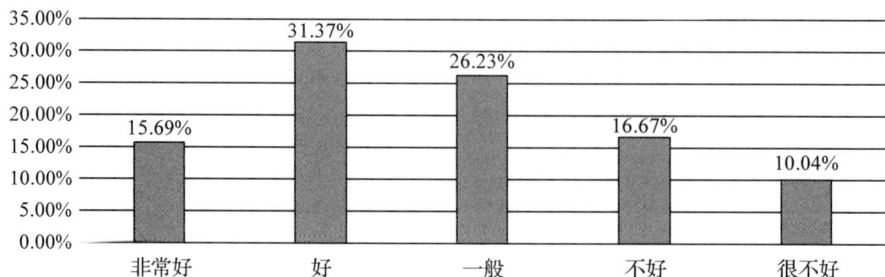

图4-19 大庆市生态文明行为养成情况

4. 大庆市生态文明教育保障情况

大庆市在生态文明教育保障方面的工作既有成果，也有不足，特别是当地政府及相关部门对生态文明教育的重视情况表现不足，需要在后续予以重视。具体情况如图4-20 所示：

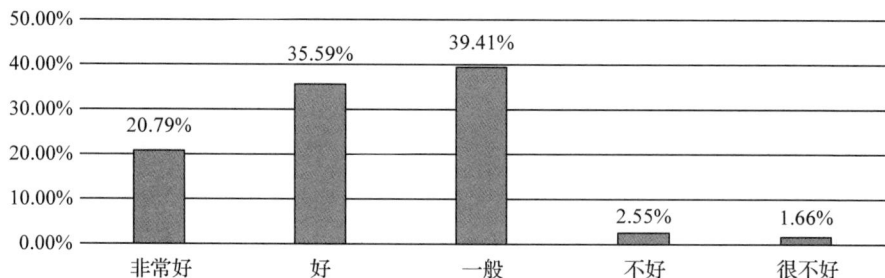

图4-20 大庆市生态文明教育保障情况

（六）鸡西市生态文明教育情况二级指标单项分析结果

1. 鸡西市生态文明教育重视情况

大多数市民接触过关于生态文明知识学习的相关内容，接触并有过系统学习，多数市民认为本市为生态文明教育提供了持续的支持与关注，认为本市营造了良好的生态文明氛围和环境。并且，绝大多数市民认为本市生态文明教育工作是否落到是实处且取得良好效果。因此，鸡西市对生态文明教育方面有足够重视并且做出很大努力。具体情况如图4-21 所示：

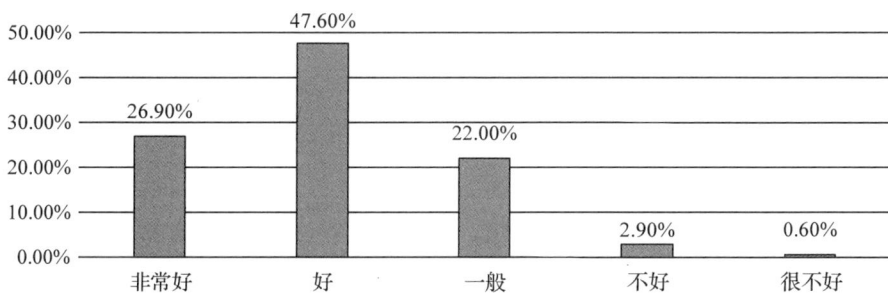

图 4-21　鸡西市生态文明教育重视情况

2. 鸡西市生态文明意识培养情况

大部分市民对本市生态文明参与意识持肯定态度。鸡西市生态文明意识培养情况较好，调研对象基本了解生态文明相关概念。具体情况如图 4-22 所示：

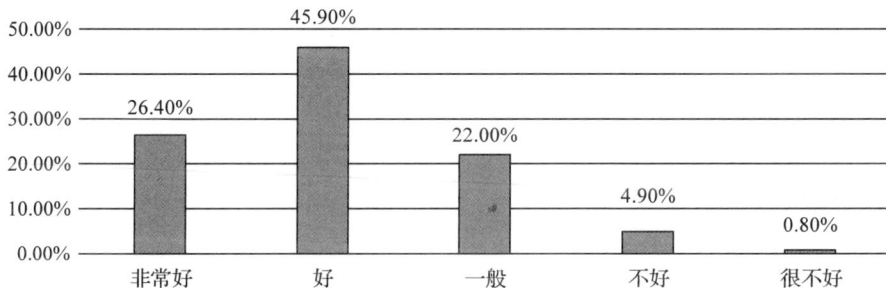

图 4-22　鸡西市生态文明意识培养情况

3. 鸡西市生态文明行为养成情况

生态文明建设需要每一个公民的投入，并且，注重将学习的生态文明理念应用到现实生活中。但鸡西市将生态文明理念落实到现实生活中的效果并没有前两项理想，现今依旧有市民不能将生态文明建设落实到生活行动中，未来生态文明建设应带动群众切实参与其中。具体情况如图 4-23 所示：

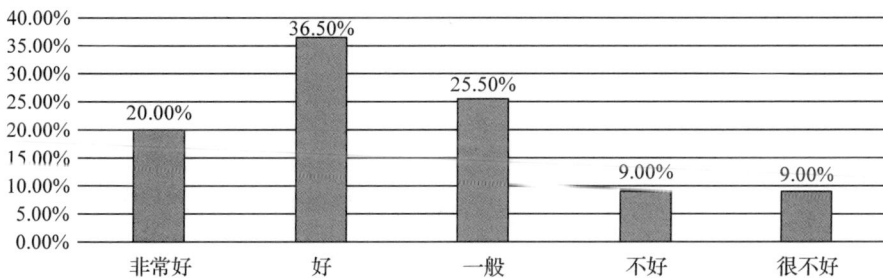

图 4-23　鸡西市生态文明行为养成情况

4. 鸡西市生态文明教育保障情况

鸡西市绝大部分市民非常同意本市生态文明教育已纳入公共教育中，并且确立或设立了行政主管部门，把工作层层落实；生态文明教育已制定法律或法规，为公民生态文明教育提供政策支持；生态文明教育已加强师资（工作者）队伍建设，或有相应从事公民生态文明教育工作的志愿者参与。具体情况如图4-24所示：

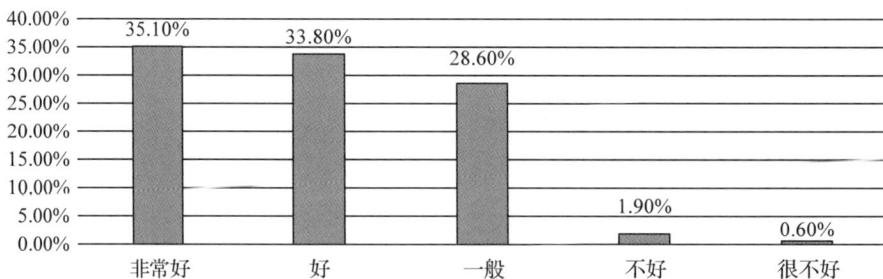

图 4-24　鸡西市生态文明教育保障情况

(七)双鸭山市生态文明教育情况二级指标单项分析结果

1. 双鸭山市生态文明教育重视情况

双鸭山市市民生态文明知识教育主要集中在党政部门及学校中，普通居民接触相关知识一半来自于社区。从整体数据来看，接触过相关知识的人数虽然较多但是系统全面的学习并不多见，因此对于市民的生态文明教育应从多渠道多方面进行，这样的措施有利于对全体市民普及生态文明知识。具体情况如图4-25所示：

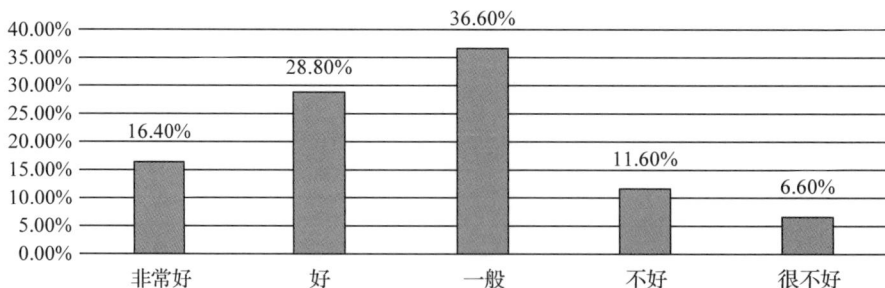

图 4-25　双鸭山市生态文明教育重视情况

2. 双鸭山市生态文明意识培养情况

多数市民的对于生态文明意识培养是持有积极态度的，也都愿意参与到生态文明建设的队伍中来，开展生态文明建设必须要政府有关部门和市民紧密结合，具体情况如图4-26所示：

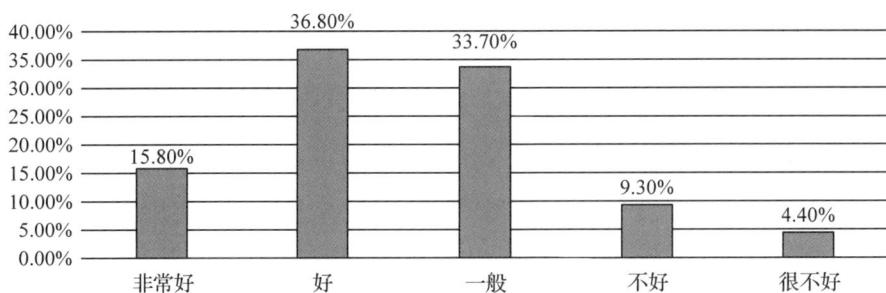

图 4-26　双鸭山市生态文明意识培养情况

3. 双鸭山市生态文明行为养成情况

双鸭山市市民较为注重保护环境，勤俭节约的行为习惯。在双鸭山市内街道行走，街上随处可见垃圾桶，并且，垃圾桶已做出简单的垃圾分类，街道上固然因为道路施工比较乱，但是丝毫不显得脏，总之双鸭山市市民还是比较注重保护环境，愿意共同维护良好的生活环境。具体情况如图 4-27 所示：

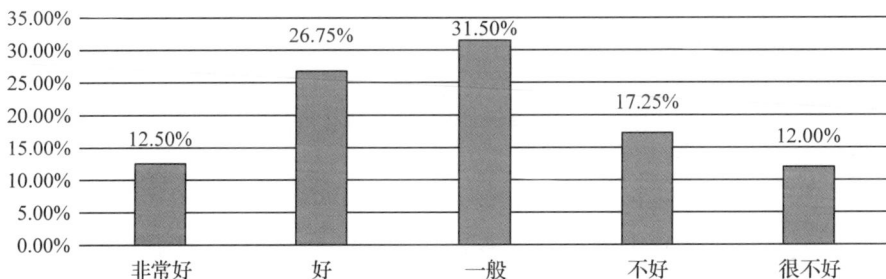

图 4-27　双鸭山市生态文明行为养成情况

4. 双鸭山市生态文明教育保障情况

多数市民认为生态文明教育已经纳入公共教育中，确立了行政主管部门，并制定法律法规为公民生态文明教育提供支持，在教育方面也有过半调研对象认为本市已经加强了师资队伍建设。但还是有部分市民认为生态文明教育保障情况不佳，政府相关部门以及学校应重视生态文明教育工作，为生态文明建设的长期目标提供可靠保障。具体情况如图 4-28 所示：

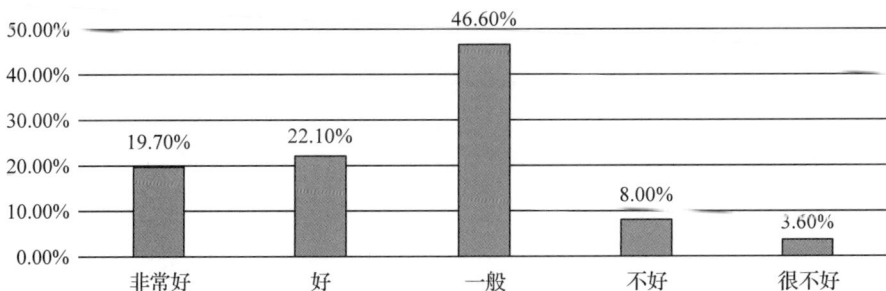

图 4-28　双鸭山市生态文明教育保障情况

(八)伊春市生态文明教育情况二级指标单项分析结果

1. 伊春市生态文明教育重视情况

伊春市大多数市民都接触过生态文明知识的学习，但有部分只接受过非系统的学习，也存在完全没有接触过生态文明相关知识学习的现象，当问及"本市是否营造了良好的生态文明氛围和环境"时，当地的居民们表示同意的人数居多，大多数伊春当地居民都表示伊春的生态文明氛围和环境建设良好，是适合人们生存居住的城市，只有少部分居民对当地生态文明氛围和环境仍存在不满意，总体情况良好，具体情况如图 4-29 所示：

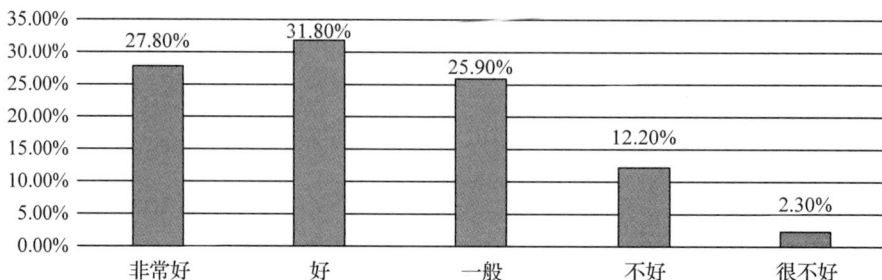

图 4-29　伊春市生态文明教育重视情况

2. 伊春市生态文明意识培养情况

当问及"您认为本市的生态文明教育对于您的孩子或者周围邻居家孩子生态意识培养有影响么?"近六成的人都认为生态文明教育对孩子有影响，但是也存在一部分认为生态文明教育对孩子的影响较小，说明要强化生态文明意识，提高生态文明教育建设效果。具体情况如图 4-30 所示：

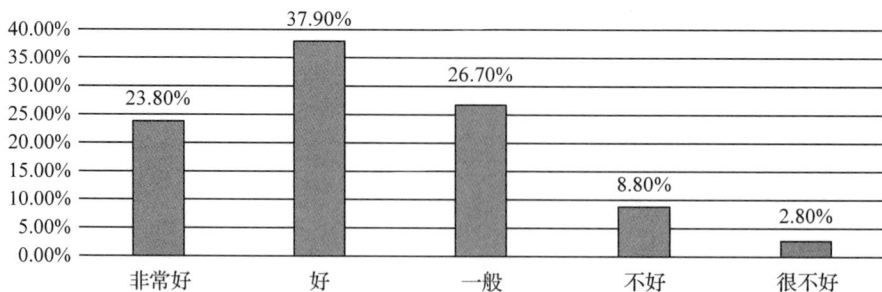

图 4-30　伊春市生态文明意识培养情况

3. 伊春市生态文明行为养成情况

伊春市几乎没有市民认为当地市民不注重保护环境，说明当地市民平时就养成了保护环境的好习惯。但是存在因时而异的情况，比如使用一次性塑料袋的情况较多。在行为养成方面有待进一步提升。具体情况如图 4-31 所示：

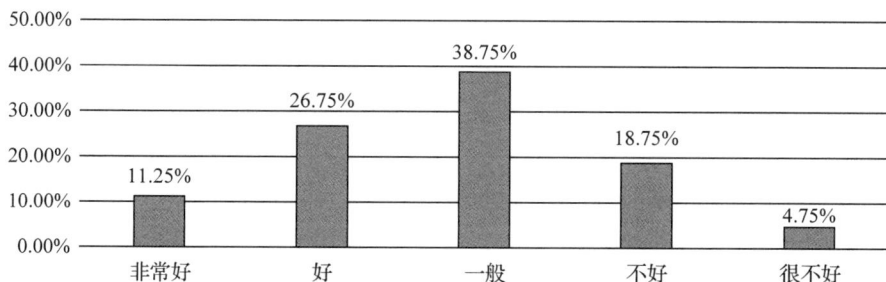

图 4-31　伊春市生态文明行为养成情况

4. 伊春市生态文明教育保障情况

伊春市当地生态文明教育法律法规的建设较为到位。当问及"您认为本市生态文明教育是否已经加强师资队伍建设"时，九成的市民表示当地的生态文明教育已经加强了师资队伍的建设，但仍有少部分市民对此持有不同意见。当值得肯定的是，当地政府此方面的建设已经取得了极大的成效。具体情况如图 4-32 所示：

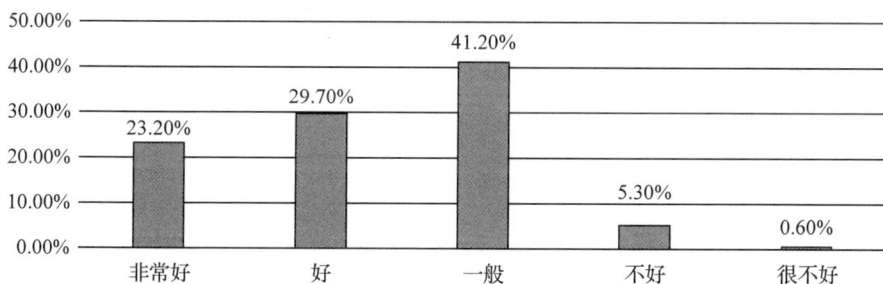

图 4-32　伊春市生态文明教育保障情况

（九）七台河市生态文明教育情况二级指标单项分析结果

1. 七台河市生态文明教育重视情况

七台河市的生态文明教育工作进展取得了市民认可。存在的问题为接触过相关知识的人数虽然较多，但是系统且全面的学习并不多见，因此对于市民的生态文明教育应从多渠道、多方面进行，这样的措施有利于对全体市民普及生态文明知识。具体情况如图 4-33 所示：

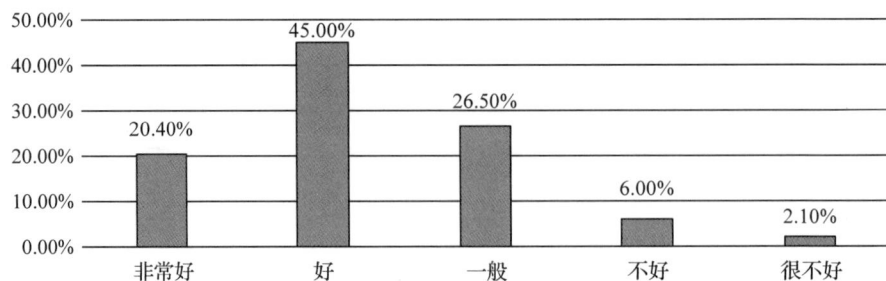

图 4-33 七台河市生态文明教育重视情况

2. 七台河市生态文明意识培养情况

大部分市民对于生态文明培养是持有积极态度的，也都愿意参与到生态文明建设的队伍中来，政府可进一步积极宣传生态文明的必要性、重要性，让民众意识到生态文明建设是利自己、利后代、利人类的伟大事业，提升时代使命感。具体情况如图 4-34 所示：

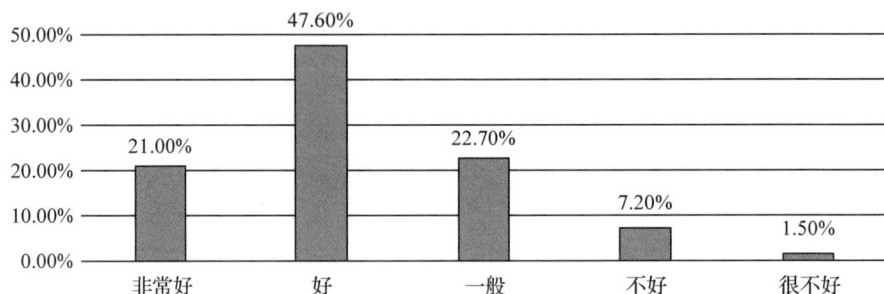

图 4-34 七台河市生态文明意识培养情况

3. 七台河市生态文明行为养成情况

大部分市民注重保护自己生存居住的环境，有勤俭节约的好习惯，也会有一部分人原意提醒周围人注意保护生态环境。但是因为垃圾分类目前还未在本市普及，大部分民众对垃圾分类的知识知之甚少，应该进一步让每一个居民真正意识到生态文明建设的大目标需要共同努力。具体情况如图 4-35 所示：

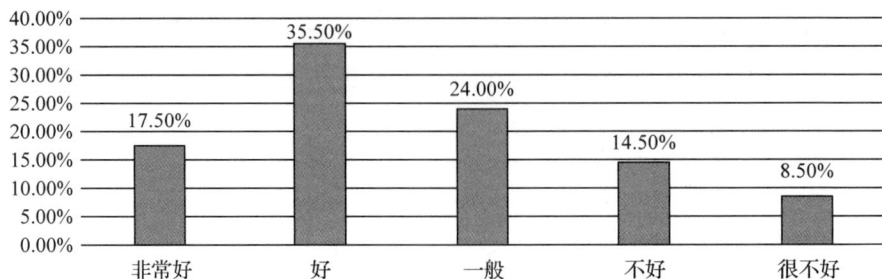

图 4-35 七台河市生态文明行为养成情况

4. 七台河市生态文明教育保障情况

过半的市民认为生态文明教育已经纳入公共教育中，确立了行政主管部门，并制定法律法规为公民生态文明教育提供支持，在教育方面也有过半市民认为本市已经加强了师资队伍建设。但还是有部分市民认为生态文明教育保障情况不佳，政府相关部门以及学校应重视生态文明教育工作，为生态文明建设的长期目标提供可靠保障。具体情况如图 4-36 所示：

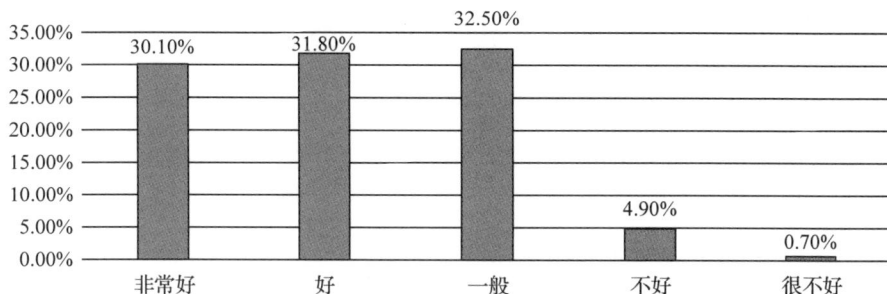

图 4-36 七台河市生态文明教育保障情况

（十）鹤岗市生态文明教育情况二级指标单项分析结果

1. 鹤岗市生态文明教育重视情况

鹤岗市政府和市民都对于生态文明教育工作给予了足够的重视，且取得了良好的效果，说明鹤岗市总体来说对生态文明建设工作的态度是积极和主动的，但是仍没有达到精通和真正运用的水平。具体情况如图 4-37 所示：

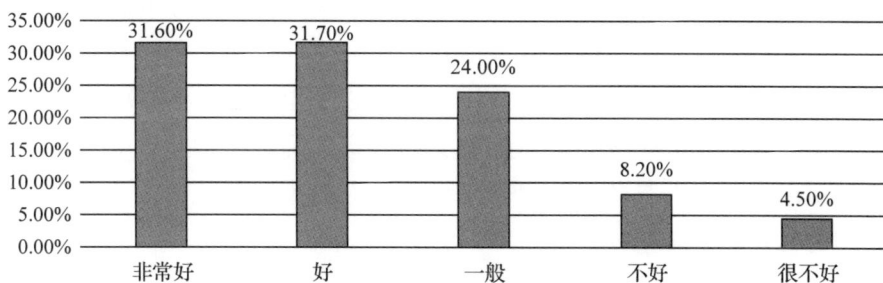

图 4-37 鹤岗市生态文明教育重视情况

2. 鹤岗市生态文明意识培养情况

多数市民的生态文明参与意识较高，为环保工作贡献的积极性高。政府更应该加大教育培养度，增加生态文明教育投资和基础工作的完善，充分满足居民诉求。具体情况如图 4-38 所示：

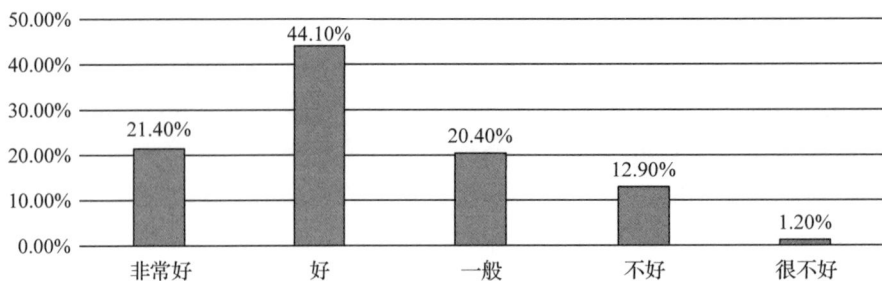

图 4-38　鹤岗市生态文明意识培养情况

3. 鹤岗市生态文明行为养成情况

多数市民比较重视保护环境和勤俭节约行为习惯的养成。市民有时会注重垃圾分类。具体情况如图 4-39 所示：

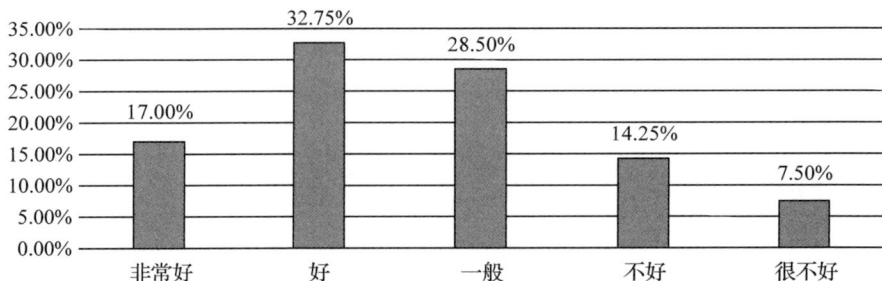

图 4-39　鹤岗市生态文明行为养成情况

4. 鹤岗市生态文明教育保障情况

多数市民认为本市已经把生态文明教育纳入公共教育，工作落实较好，达到的效果也比较令人满意。证明了政府对于生态文明建设提供的政策性帮助十分行之有效，也充分表明鹤岗市政府对于生态文明建设的投入和关注是充分的。但是，居民表示政府仍应该加大对生态文明教育的师资队伍建设和志愿者参与服务。显示出鹤岗市生态文明教育基础设施方面的欠缺和政府工作的缺乏与疏忽。具体情况如图 4-40 所示：

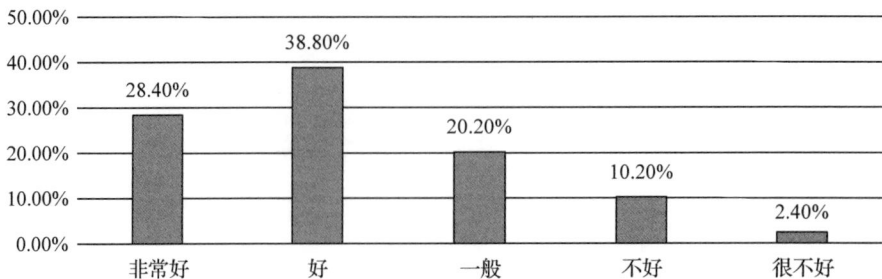

图 4-40　鹤岗市生态文明教育保障情况

(十一)黑河市生态文明教育情况二级指标单项分析结果

1. 黑河市生态文明教育重视情况

黑河市多数市民对本市的生态文明教育工作满意，存在的问题为生态文明教育工作开展得还不够全面，教育内容不够实用。黑河市政府应该重视生态文明教育工作的开展情况，加大教育的投资力度，引进专业的教育人才。具体情况如图 4-41 所示：

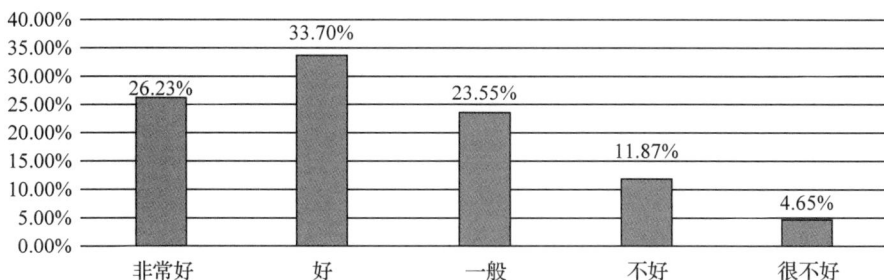

图 4-41　黑河市生态文明教育重视情况

2. 黑河市生态文明意识培养情况

黑河市市民的参与意识总体较好，但还有待提高。各级部门应加大对生态文明教育的重视程度，在黑河市内营造良好的环境保护氛围，帮助市民普及生态文明知识，提高市民的生态文明素养。具体情况如图 4-42 所示：

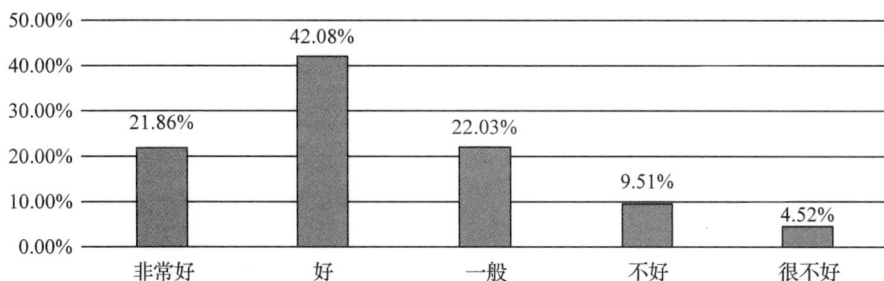

图 4-42　黑河市生态文明意识培养情况

3. 黑河市生态文明行为养成情况

有 15.57% 的黑河市市民认为本市市民非常注重保护环境和勤俭节约的行为习惯，多数市民认为本市生态文明行为养成情况较好，说明黑河市生态文明行为养成情况落实较好。具体情况如图 4-43 所示：

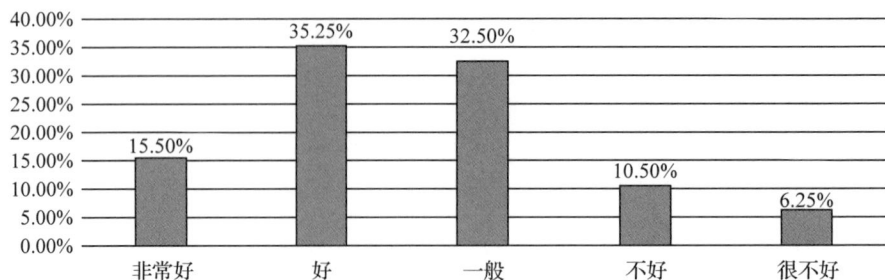

图 4-43　黑河市生态文明行为养成情况

4. 黑河市生态文明教育保障情况

多数市民对黑河市的生态文明教育保障工作满意，可以进一步加强生态文明教育工作，让广大居民愿意参与生态文明教育活动，并从活动中收益。具体情况如图 4-44 所示：

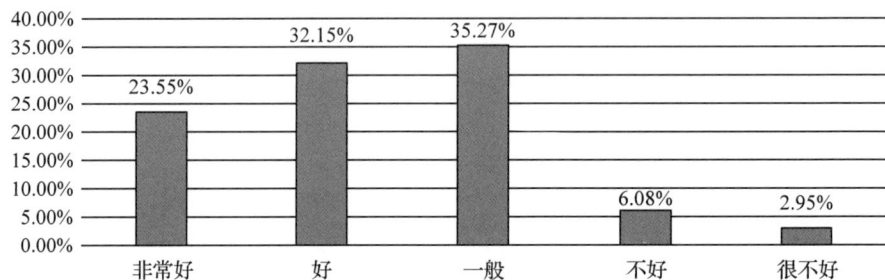

图 4-44　黑河市生态文明教育保障情况

（十二）绥化市生态文明教育情况二级指标单项分析结果

1. 绥化市生态文明教育重视情况

绥化市比较注重生态文明的相关知识教育，但仍有少部分市民没接受过生态文明教育，绥化市生态文明教育的普遍性有待提高，政府应加强对生态文明相关知识的宣传教育。具体情况如图 4-45 所示：

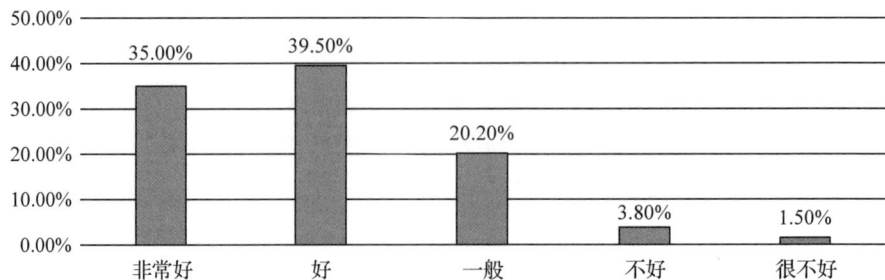

图 4-45　绥化市生态文明教育重视情况

2. 绥化市生态文明意识培养情况

绥化市注重市民生态文明教育，但生态文明教育的普遍性有待提高，政府应加强对生态文明相关知识的宣传教育。生态文明教育要注重实践育人，尽可能多的让居民参与环保公益活动，在保护环境、节约资源的实践活动中提升生态文明素质。同时，要通过人文文化、社会文化影响和带动更多人加入绿色行动者的行列，使"环境保护""节约资源""生态文明"和"科学发展"等一系列理念深入人心，提升整个社会的生态文明意识。具体情况如图 4-46 所示：

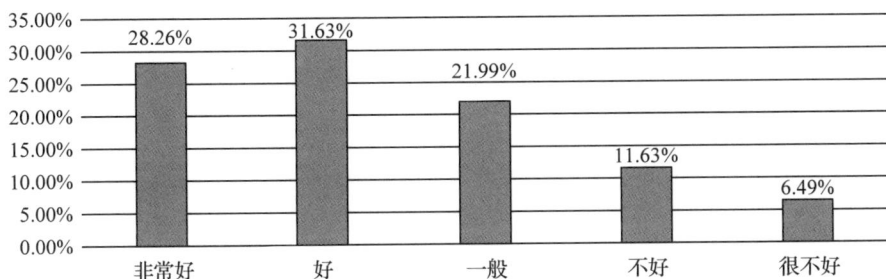

图 4-46 绥化市生态文明意识培养情况

3. 绥化市生态文明行为养成情况

绥化市市民的参与意识还有待提高。各级部门应加大对生态文明教育的重视程度，在绥化市内营造良好的环境保护氛围，帮助市民普及生态文明知识，提高市民的生态文明素养。具体情况如图 4-47 所示：

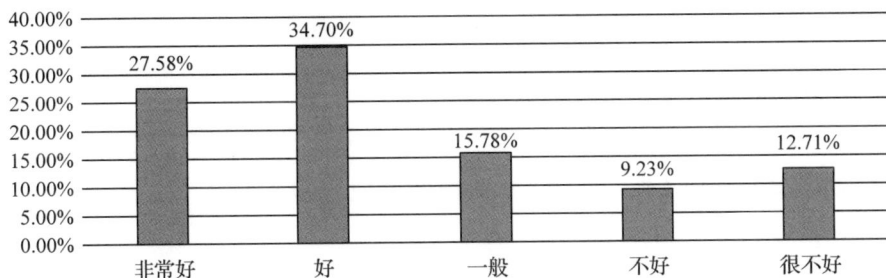

图 4-47 绥化市生态文明行为养成情况

4. 绥化市生态文明教育保障情况

绝大多数市民对绥化市的生态文明教育工作满意，可见绥化市在生态文明教育保障方面较为成功。具体情况如图 4-48 所示：

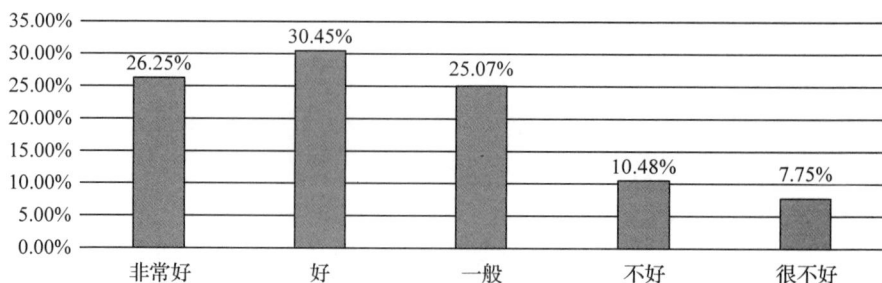

图 4-48　绥化市生态文明教育保障情况

（十三）大兴安岭地区生态文明教育情况二级指标单项分析结果

1. 大兴安岭地区生态文明教育重视情况

大兴安岭地区对生态文明教育较为重视，生态文明普及率较高。具体情况如图 4-49 所示：

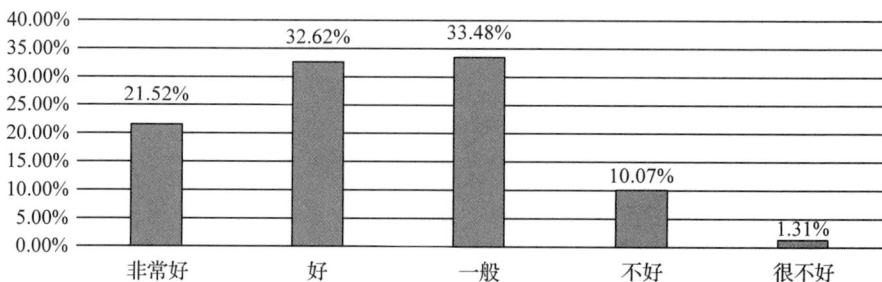

图 4-49　大兴安岭地区生态文明教育重视情况

2. 大兴安岭地区生态文明意识培养情况

大兴安岭政府的宣传工作对生态文明建设具有一定的推动成效，民众很重视对下一代的生态文明基本教育。具体情况如图 4-50 所示：

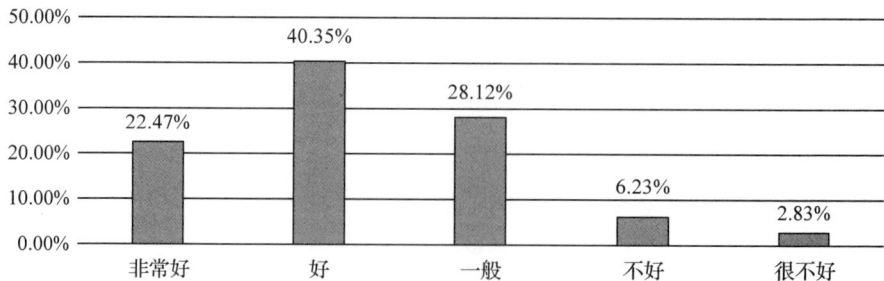

图 4-50　大兴安岭地区生态文明意识培养情况

3. 大兴安岭地区生态文明行为养成情况

大兴安岭地区居民对于垃圾清理、保护环境的意识很强。但对垃圾分类的了解程度不高，应通过社区、工作单位普及垃圾分类。具体情况如图4-51所示：

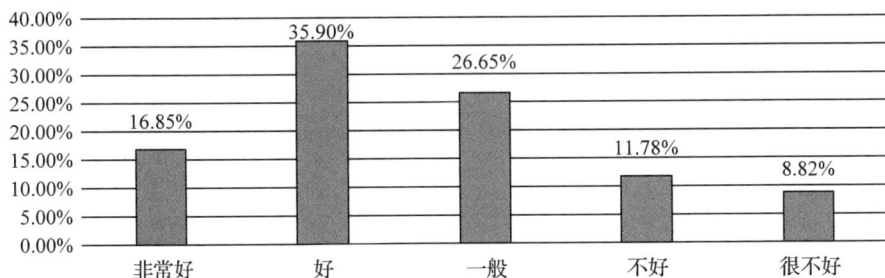

图4-51 大兴安岭地区生态文明行为养成情况

4. 大兴安岭地区生态文明教育保障情况

大兴安岭地区的市民认为本市生态文明教育保障情况非常好或好，没有认为不好和很不好的情况。具体情况如图4-52所示：

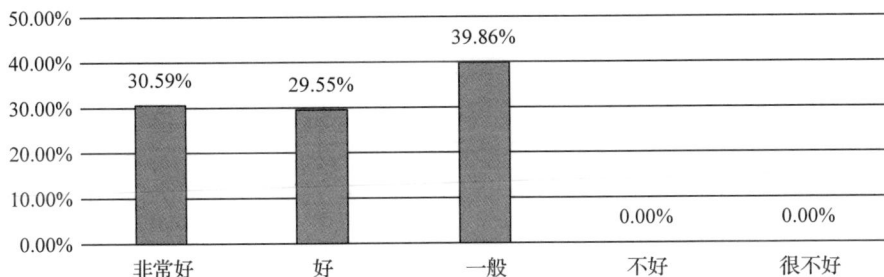

图4-52 大兴安岭地区生态文明教育保障情况

第二节 生态文明教育对比分析

黑龙江省各地市生态文明教育情况

通过对黑龙江省各地市生态文明教育的二级指标进行分析，现已得出黑龙江省13个地市生态文明教育情况的五个等级的百分比。为了对黑龙江省各地市生态文明教育进行对比，采用了科学的分析方法，方法如下：

首先将生态文明教育评价的5个等级选项进行赋值，即将"非常好"赋值为1分，"较好"赋值为0.75分，"一般"赋值为0.5分，"不好"赋值为0.25分，"很不好"赋值为0分。

生态文明教育评价的计算公式是："非常好"比例×1+"较好"比例×0.75+"一般"比例×0.5+"不好"比例×0.25+"很不好"比例×0。通过分析，得出了黑龙江省各地市生态文明教育的汇总情况、排序情况，具体情况如表 4-1 所示：

表 4-1　黑龙江省各地市生态文明教育情况汇总表

序号	地市	生态文明教育重视情况	生态文明意识培养情况	生态文明行为养成情况	生态文明教育保障情况	总计
1	哈尔滨	1.65%	1.52%	1.08%	1.29%	5.53
2	齐齐哈尔	1.85%	1.74%	1.04%	1.31%	5.94
3	牡丹江	1.96%	1.95%	1.18%	1.40%	6.49
4	佳木斯	1.75%	1.65%	1.11%	1.41%	5.93
5	大庆	1.91%	1.88%	1.13%	1.36%	6.28
6	鸡西	2.23%	2.19%	1.25%	1.50%	7.17
7	双鸭山	1.78%	1.88%	1.05%	1.23%	5.94
8	伊春	2.03%	2.03%	1.11%	1.35%	6.52
9	七台河	2.07%	2.10%	1.20%	1.43%	6.79
10	鹤岗	2.08%	2.04%	1.19%	1.40%	6.71
11	黑河	1.99%	2.02%	1.22%	1.34%	6.56
12	绥化	2.27%	1.98%	1.28%	1.28%	6.81
13	大兴安岭	1.98%	2.05%	1.20%	1.45%	6.68

并与 2018 年的黑龙江省各地市生态文明教育情况进行了对比。具体情况如表 4-2、表 4-3 所示：

表 4-2　黑龙江各地市生态文明教育情况对比

排序	地市	2019 年	2018 年
1	哈尔滨	5.53	7.44
2	齐齐哈尔	5.94	5.29
3	牡丹江	6.49	4.44
4	佳木斯	5.93	4.15
5	大庆	6.28	6.50
6	鸡西	7.17	4.65
7	双鸭山	5.94	7.08
8	伊春	6.51	6.37
9	七台河	6.79	5.65
10	鹤岗	6.71	5.63
11	黑河	6.56	7.44
12	绥化	6.81	8.56
13	大兴安岭	6.68	6.94
汇总	—	83.34	80.14

表 4-3　黑龙江省各地市生态文明教育排序表

排序（2019 年）	地市	数值	排序（2018 年）	地市	数值
1	鸡西	7.17	1	绥化	8.56
2	绥化	6.81	2	黑河	7.44
3	七台河	6.79	3	哈尔滨	7.44
4	鹤岗	6.71	4	双鸭山	7.08
5	大兴安岭	6.68	5	大兴安岭	6.94
6	黑河	6.56	6	大庆	6.49
7	伊春	6.51	7	伊春	6.37
8	牡丹江	6.49	8	七台河	5.65
9	大庆	6.28	9	鹤岗	5.63
10	双鸭山	5.94	10	齐齐哈尔	5.28
11	齐齐哈尔	5.94	11	鸡西	4.65
12	佳木斯	5.93	12	牡丹江	4.44
13	哈尔滨	5.53	13	佳木斯	4.15

通过对 2019 年与 2018 年两个年度的黑龙江省各地市生态文明教育数据进行对比，得出的结论是：黑龙江生态文明教育总体情况是上升状态，2018 年的总分是 83.34 分，2019 年的总分是 80.14 分，上升了 3.2 分。也能够看出黑龙江省生态文明教育取得的成效。从各地市两个年度的对比数据看，大兴安岭地区、伊春市、绥化市、齐齐哈尔市、佳木斯市的生态文明教育情况比较稳定，鸡西市的生态文明教育有较大幅度地提升，2018 年得分是 4.65，排名第 11 位，2019 年得分是 7.17，排名第 1 位。哈尔滨市生态文明教育有较大幅度地下滑，2018 年得分是 7.44，排名是第 3 位，2019 年得分是 5.53，排名是第 13 位。七台河市、鹤岗市、牡丹江市、大庆市的生态文明教育水平有提升，黑河市和双鸭山市有下降。

第三节　生态文明教育改进措施

（一）完善生态文明教育体制机制

生态文明教育是一项覆盖全省、涉及每个人的系统工程，它的有效实施需要黑龙江省顶层制度设计和保障运行的体制机制。目前黑龙江省生态文明教育在很大程度上还停留在宣传层面，尤其以媒体宣传教育为主。生态文明教育还没有被正式纳入国民教育体系，专门开设生态文明教育课程的学校较少，大多数学校仍停留在口头宣传教育阶段，且流于形式。从整体上看缺乏指导生态文明教育有效实施的整体规划，生态文明教育课程缺乏系统性和整体性。由于黑龙江省小学、初中、高中阶段并没有形成一套系统的生态文明教育体系，生态文明教育并没有受到高度重视，而西方一些国家早已把生态教育列入学校必修课，成为学生必须完成的学业任务。建议各个地市加强生态文明课程建设，由易到难，使之连贯，形成一定的系统性和整体性。

(二)加强生态文明教育师资力量，培养专业性教师

黑龙江省从事生态文明教育的师资力量较为薄弱，并且各领域的师资队伍专业水平较低。由于全体社会成员均是生态文明教育对象，需要通过不同途径接受生态文明教育，这就需要大量师资队伍。而我省生态文明教育起步晚、发展不成熟也在一定程度上造成当前师资力量紧缺的现状。从学校教育来看，目前生态文明教育工作主要依靠物理、化学、生物、地理、自然等学科教师兼任，而生态文明教育专业教师仅能满足部分高等教育的农林、资源环境学院的教学需要。

(三)贯彻生态素质教育，促进人的全面发展

要改变生态文明教育效果，需要改变学校对学生成绩的考核方式及教师的教学方式。一方面，对于生态文明课程的成绩考评，学校除了卷面成绩的检测，还可以通过社会实践活动、志愿活动等形式来进行考评，由以往的重智力教育逐步变为智力与行为能力并存。另一方面，学校要加强师资力量的培训，在提高教师们的专业知识和教学能力的同时，使教师对生态文明教育有一个更深刻、更清醒的认识，激发教师研究多种教学方式，改变以往"填鸭式"教学方法。此外，学校也要加强校园生态文化的建设，建设绿色校园，通过周围环境来影响学生，潜移默化，使学生处在良好的氛围之中。

(四)强化生态文明实践，从小事做起

生态文明教育要做到课堂效应与社会实践并存，然而多数学生对参与社会实践存在一个严重误区，认为只有通过学校组织的各种社会实践活动，才能称得上是实践，忽略了日常生活中点点滴滴的小事。在生活中，他们只青睐于学校组织的植树活动、寒暑假社会实践等。学校组织的寒暑假实践活动存在很大的局限性，不仅组织次数和时间受限制，参与的人数也只是很少一部分。学校可对学生生态社团提供支持与帮助，社团是学生日常活动的重要载体，是学生锻炼自己、提升自己能力的一个有效平台，利用生态社团，不仅可以在校园内对生态文明观起到宣传作用，吸引更多的同学树立起生态文明观，还可以走出校园，在社会上进行生态文明观的宣传与普及。

第五章

各地市生态文明建设公众参与情况

生态文明建设同每个人息息相关，每个人都应该做生态文明的倡导者和践行者。为充分了解黑龙江省生态文明建设公众参与情况，通过实地考察、入户访谈、发放调查问卷等方式对黑龙江省各地市展开调研。本次调研覆盖黑龙江省13个地市，每个地市随机抽样调查100人。其中，城市居民50人、农村居民50人。调研对象性别、年龄、受教育程度分布比较均匀，职业覆盖较为全面。

第一节　评价办法及结果

一、生态文明建设公众参与情况二级指标单项分析

（一）各地市生态文明建设公众参与情况二级指标单项分析统计方法

"生态文明建设公众参与情况"一级指标下设5个二级指标，即"居民生态文明相关知识了解情况""居民生态文明养成情况""居民对参与生态文明建设的态度""居民生态文明宣传教育参与度""居民环境保护与监督的参与度"。每个二级指标权数为2，共计10分权数。

1. 居民生态文明相关知识了解情况

本部分包括第5题至第8题（第1题至第4题为调研对象的基本情况，详见第三部分公众参与调研问卷及访谈提纲，以下同），共4个单选题。每道题占0.5分权数，共计2分权数。每题均为4个选项，按照程度由高到低依次降序排列。每道题选项的文字表述不尽相同，为便于统计，每道题选项A归纳为"很好"；选项B归纳为"好"；选项C归纳为"较好"；选项D归纳为"不好"。相应地，居民对生态文明相关知识了解情况为"很好"的百分比=（第5题选A的百分比×0.5+第6题选A的百分比×0.5+第7题选A的百分比×0.5+第8题选A的百

分比×0.5)/2。依此方法，计算得出居民对生态文明相关知识了解情况为"好""较好""不好"的百分比。

2. 居民生态文明养成情况

本部分包括第19题至第12题，共4个单选题。每道题占0.5分权数，共计2分权数。每题均为4个选项，按照程度由高到低依次降序排列。统计方法参见1.居民生态文明相关知识了解情况。

3. 居民对参与生态文明建设的态度

本部分包括第13题至第14题，共2个单选题。每道题占1分权数，共计2分权数。每题均为4个选项，按照程度由高到低依次降序排列。每道题选项的文字表述不尽相同，为便于统计，每道题选项A归纳为"很好"；选项B归纳为"好"；选项C归纳为"较好"；选项D归纳为"不好"。相应地，居民对参与生态文明建设的态度为"很好"的百分比=(第13题选A的百分比×1+第14题选A的百分比×1)/2。依此方法，计算得出居民对参与生态文明建设的态度为"好""较好""不好"的百分比。

4. 居民生态文明宣传教育参与度

本部分包括第15题至第16题，共4个单选题。每道题占0.5分权数，共计2分权数。每题均为4个选项，按照程度由高到低依次降序排列。统计方法参见3.居民对参与生态文明建设的态度。

5. 居民环境保护与监督的参与度

本部分包括第17题至第20题，共4个单选题。每道题占0.5分权数，共计2分权数。每题均为4个选项，按照程度由高到低依次降序排列。统计方法参见1.居民生态文明相关知识了解情况。

(二)各地市生态文明建设公众参与情况二级指标单项分析结果

1. 哈尔滨市生态文明建设公众参与情况二级指标单项分析结果

(1)哈尔滨市居民生态文明相关知识了解情况

哈尔滨市居民对生态文明相关知识了解情况为好及以上的占比超过60%，了解情况为较好的占比25.75%，完全不了解的占比11.00%。具体情况如图5-1所示：

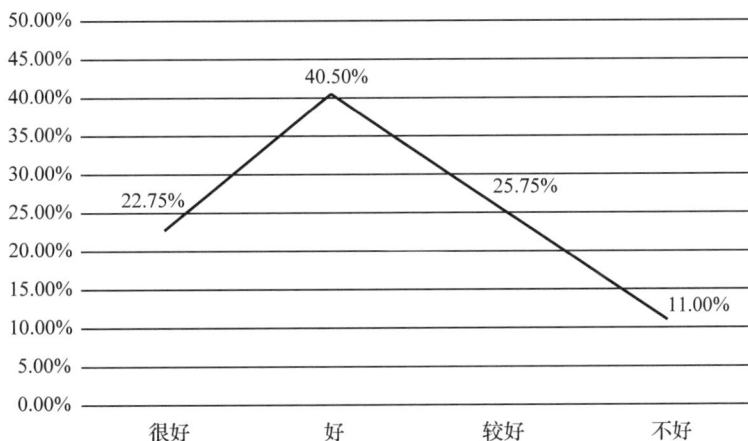

图 5-1   哈尔滨市居民生态文明相关知识了解情况

（2）哈尔滨市居民生态文明习惯养成情况

哈尔滨市居民生态文明习惯养成情况在好及以上的超过 60%，较好的为 28.50%，不好的只占 11.25%。具体情况如图 5-2 所示：

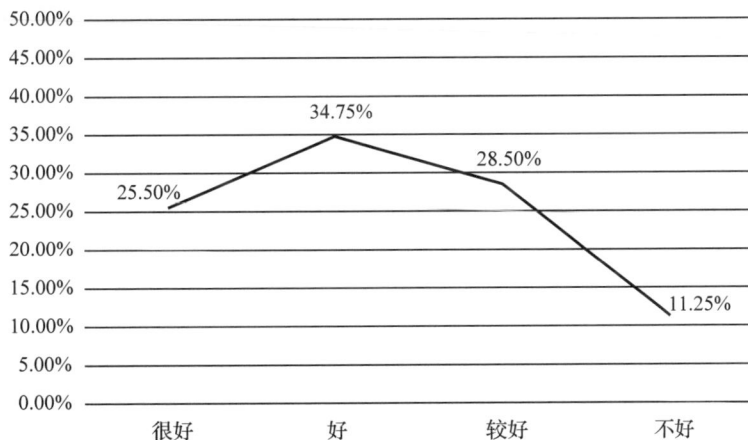

图 5-2   哈尔滨市居民生态文明习惯养成情况

（3）哈尔滨市居民对参与生态文明建设的态度

哈尔滨市居民对参与生态文明建设的态度在好及以上的超过 50%，较好的仅为 32.50%，不好的占 14.00 %。具体情况如图 5-3 所示：

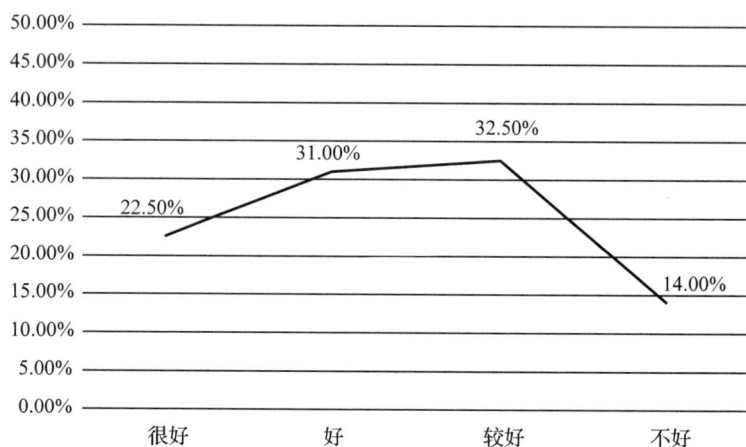

图 5-3　哈尔滨市居民参与生态文明建设的态度

（4）哈尔滨市居民生态文明宣传教育参与度

哈尔滨市居民生态文明宣传教育参与度在好及以上的近 40%，较好的为 49.50%，不好的占 11.00%。具体情况如图 5-4 所示：

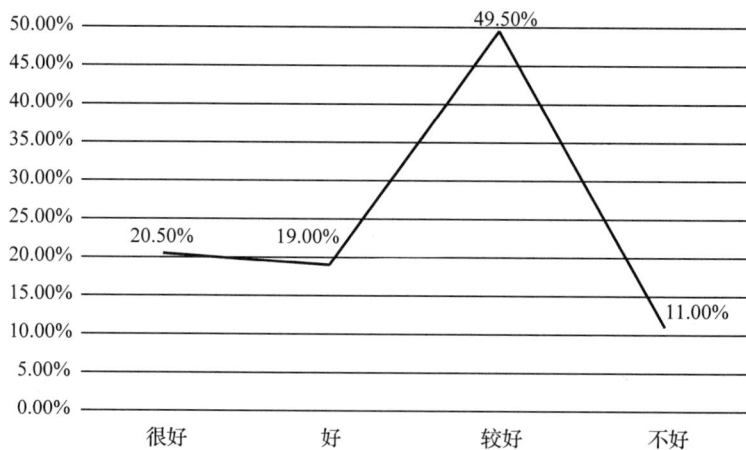

图 5-4　哈尔滨市居民生态文明宣传教育参与度

（5）哈尔滨市居民环境保护与监督的参与度

哈尔滨市居民环境保护与监督的参与度在好及以上的超过 60%，较好的占 27.50%，不好的达 12.00%。具体情况如图 5-5 所示：

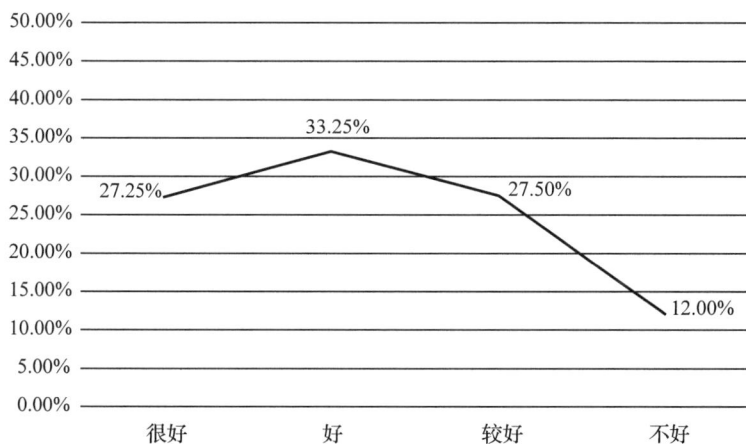

图 5-5　哈尔滨市居民环境保护与监督参与度

(三)齐齐哈尔市生态文明建设公众参与情况分析

1. 齐齐哈尔市居民生态文明相关知识了解情况

齐齐哈尔市居民对生态文明相关知识了解情况在好及以上的占比近 60%，了解情况为较好的占比 25.50%，完全不了解的占比 15.25%。具体情况如图 5-6 所示：

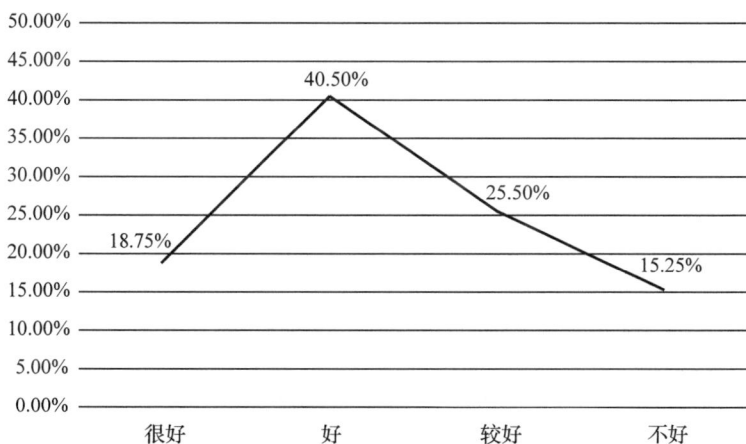

图 5-6　齐齐哈尔市居民生态文明相关知识了解情况

2. 齐齐哈尔市居民生态文明习惯养成情况

齐齐哈尔市居民生态文明习惯养成情况在好及以上的近 60%，较好的为 37.00%，不好的只占 4.25%。具体情况如图 5-7 所示：

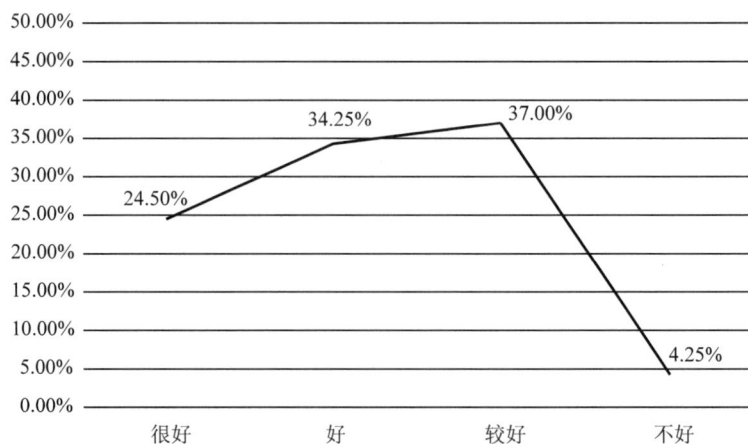

图 5-7　齐齐哈尔市居民生态文明习惯养成情况

3. 齐齐哈尔市居民对参与生态文明建设的态度

齐齐哈尔市居民对参与生态文明建设的态度在好及以上的超过 80%，较好的占比 13.50%，不好的占比 1.00%。具体情况如图 5-8 所示：

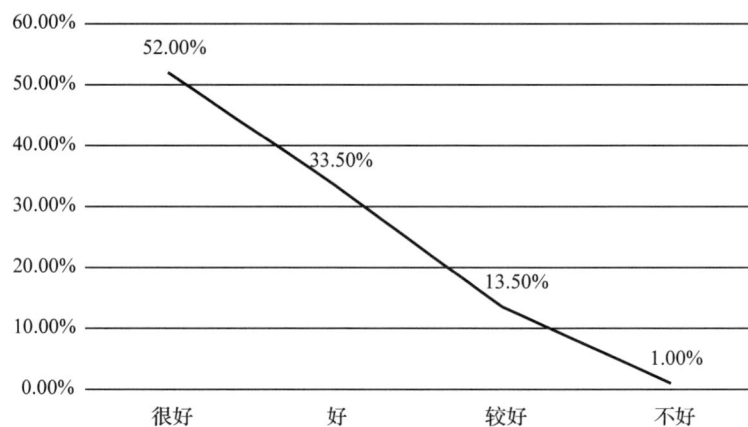

图 5-8　齐齐哈尔市居民对参与生态文明建设的态度

4. 齐齐哈尔市居民生态文明宣传教育参与度

齐齐哈尔市居民生态文明宣传教育参与度在好及以上的仅为 22.50%，较好的占比 30.00%，不好的占比 47.50%。具体情况如图 5-9 所示：

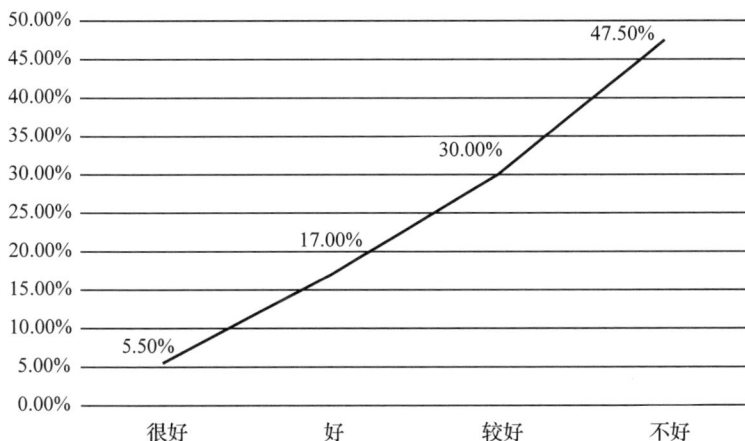

图 5-9　齐齐哈尔市居民生态文明宣传教育参与度

5. 齐齐哈尔市居民环境保护与监督的参与度

齐齐哈尔市居民环境保护与监督的参与度在好及以上的超过 60%，较好的占比 18.25%，不好的达到 17.25%。具体情况如图 5-10 所示：

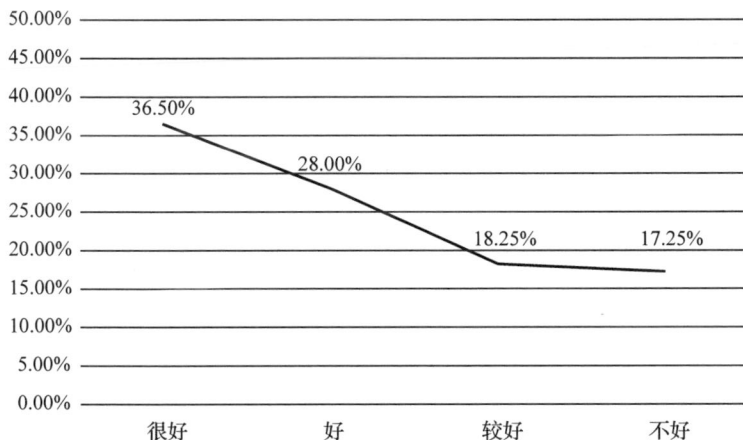

图 5-10　齐齐哈尔市居民环境保护与监督的参与度

(四) 牡丹江市生态文明建设公众参与情况分析

1. 牡丹江市居民生态文明相关知识了解情况

牡丹江市居民对生态文明相关知识了解情况在好及以上的占比超过 70%，了解情况为较好的占比 22.50%，完全不了解的占比 5.75%。具体情况如图 5-11 所示：

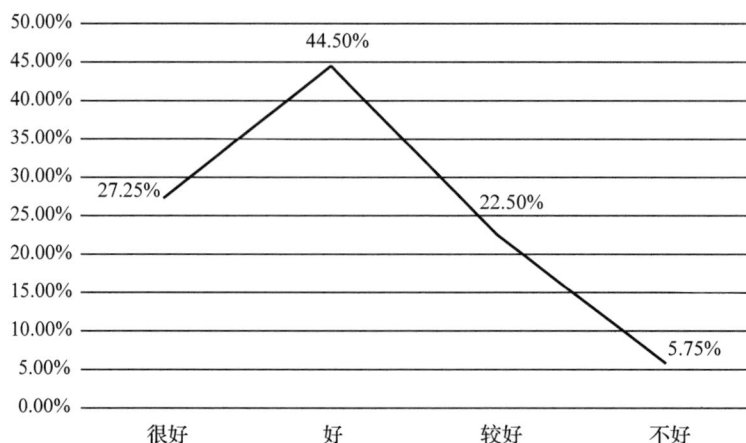

图 5-11　牡丹江市居民生态文明相关知识了解情况

2. 牡丹江市居民生态文明习惯养成情况

牡丹江市居民生态文明习惯养成情况在好及以上的超过 60%，较好的占比 29.75%，不好的占比 7.75%。具体情况如图 5-12 所示：

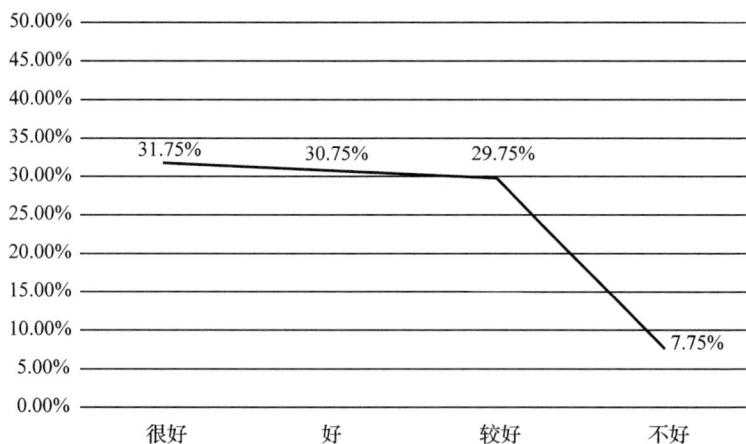

图 5-12　牡丹江市居民生态文明习惯养成情况

3. 牡丹江市居民对参与生态文明建设的态度

牡丹江市居民对参与生态文明建设的态度在好及以上的近 70%，较好的为 30.50%，不好的只占 0.50%。具体情况如图 5-13 所示：

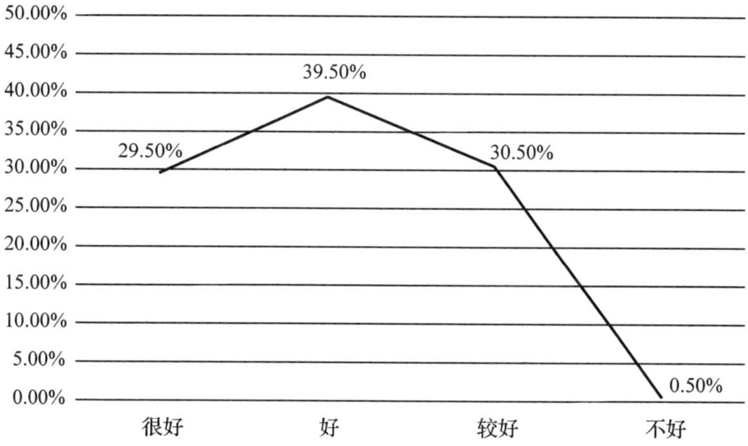

图 5-13 牡丹江市居民对参与生态文明建设的态度

4. 牡丹江市居民生态文明宣传教育参与度

牡丹江市居民生态文明宣传教育参与度在好及以上的近 50%，较好的为 33.50%，不好的占比 21.50%。具体情况如图 5-14 所示：

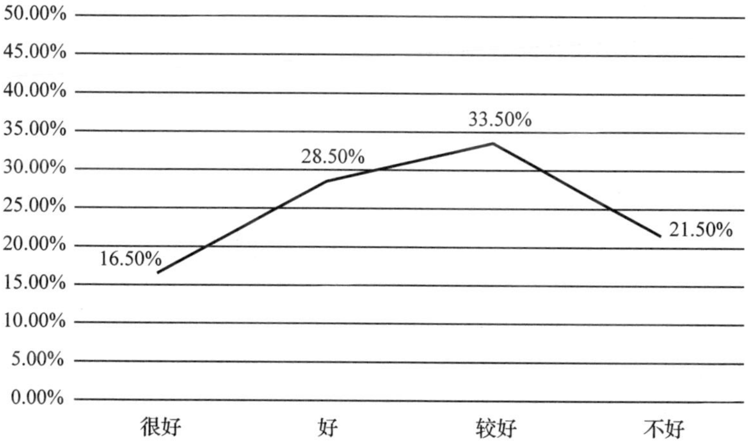

图 5-14 牡丹江市居民生态文明宣传教育参与度

5. 牡丹江市居民环境保护与监督的参与度

牡丹江市居民环境保护与监督的参与度在好及以上的超过 60%，较好的占比 18.75%，不好的达到 15.00%。具体情况如图 5-15 所示：

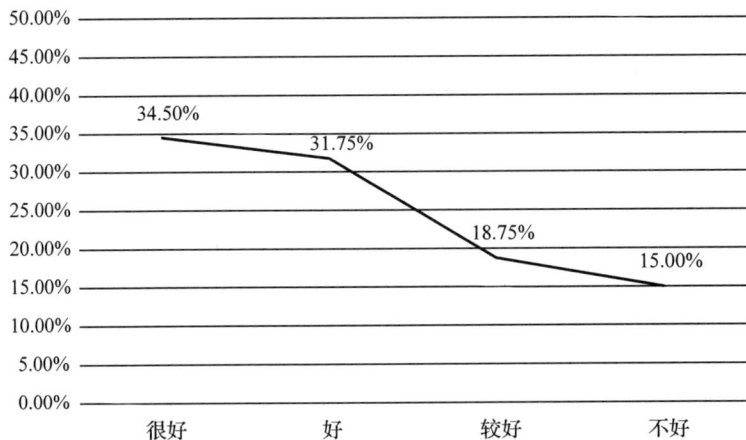

图 5-15 牡丹江市居民环境保护与监督的参与度

（五）佳木斯市生态文明建设公众参与情况分析

1. 佳木斯市居民生态文明相关知识了解情况

牡丹江市居民对生态文明相关知识了解情况在好及以上的占比 43.75%，了解情况为较好的占比 33.00%，完全不了解的占比 23.25%。具体情况如图 5-16 所示：

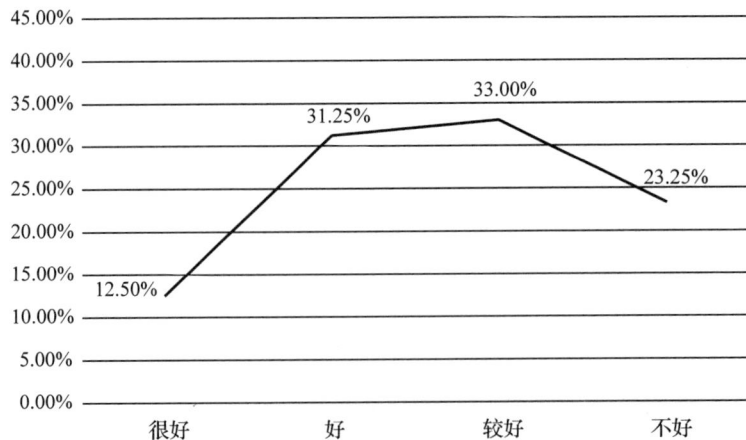

图 5-16 佳木斯市居民生态文明相关知识了解情况

2. 佳木斯市居民生态文明习惯养成情况

佳木斯市居民生态文明习惯养成情况在好及以上的近 60%，较好的占比 34.25%，不好的占比 7.00%。具体情况如图 5-17 所示：

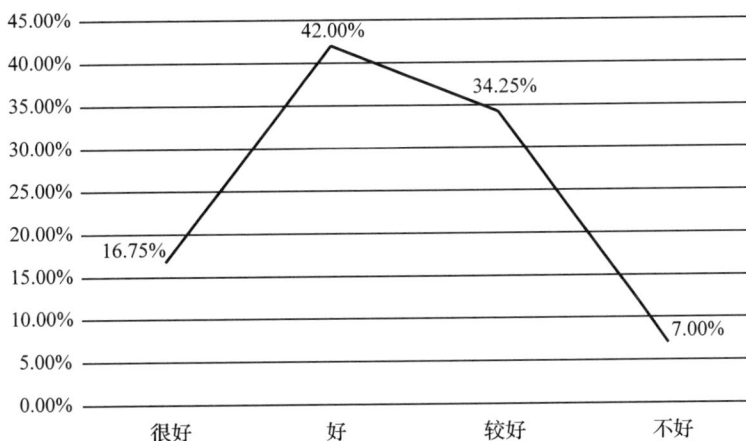

图 5-17 佳木斯市居民生态文明习惯养成情况

3. 佳木斯市居民对参与生态文明建设的态度

佳木斯市居民对参与生态文明建设的态度在好及以上的近90%，较好的为9.50%，不好的只占1.00%。具体情况如图5-18所示：

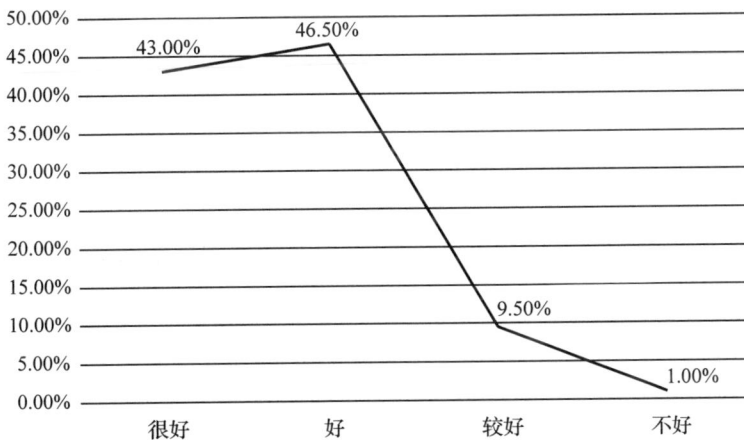

图 5-18 佳木斯市居民对生态文明建设的态度

4. 佳木斯市居民生态文明宣传教育参与度

佳木斯市居民生态文明宣传教育参与度在好及以上的占比31.50%，较好的为44.00%，不好的占比24.50%。具体情况如图5-19所示：

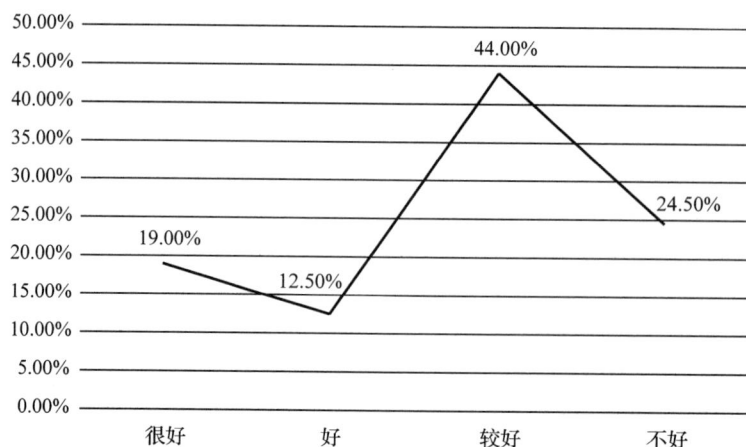

图 5-19 佳木斯市居民生态文明宣传教育参与度

5. 佳木斯市居民环境保护与监督的参与度

佳木斯市居民环境保护与监督的参与度在好及以上的超过 60%，较好的占比 17.25%，不好的占比 18.50%。具体情况如图 5-20 所示：

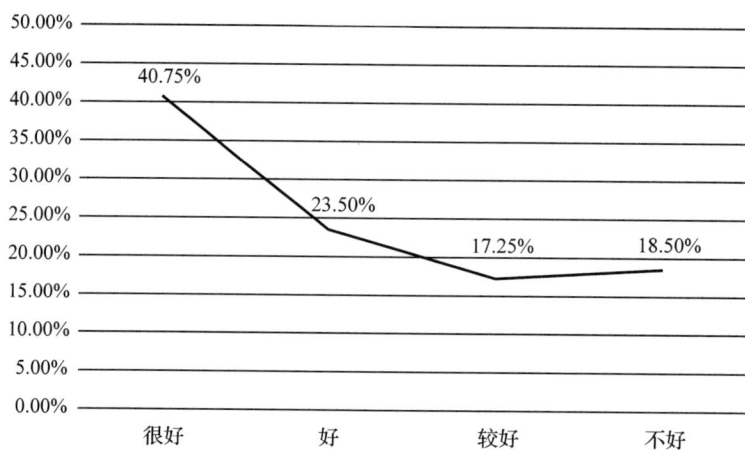

图 5-20 佳木斯市居民环境保护与监督参与度

（六）七台河市生态文明建设公众参与情况分析

1. 七台河市居民生态文明相关知识了解情况

七台河市居民对生态文明相关知识了解情况在好及以上的近 70%，了解情况为较好的占比 23.75%，完全不了解的占比 7.75%。具体情况如图 5-21 所示：

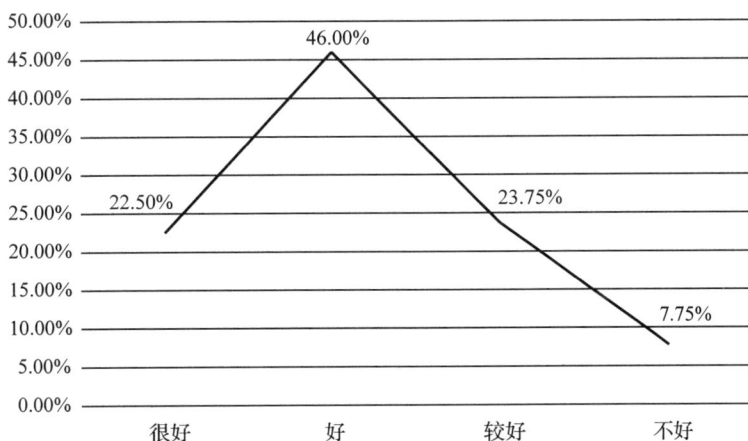

图 5-21 七台河市居民生态文明相关知识了解情况

2. 七台河市居民生态文明习惯养成情况

七台河市居民生态文明习惯养成情况在好及以上的超过 60%，较好的为 32.75%，不好的只占 6.75%。具体情况如图 5-22 所示：

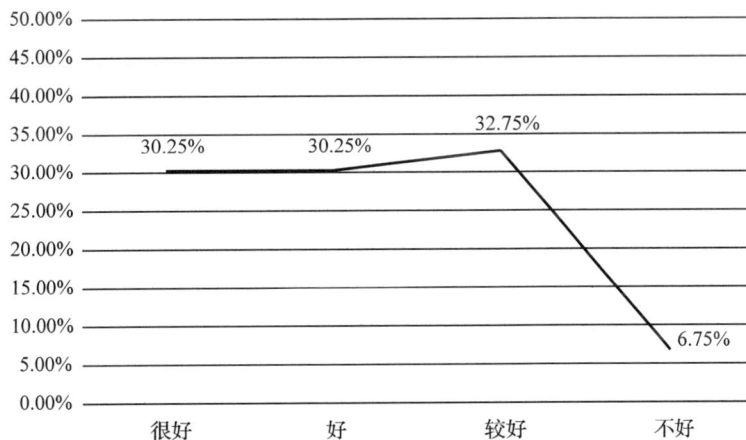

图 5-22 七台河市居民生态文明习惯养成情况

3. 七台河市居民对参与生态文明建设的态度

七台河市居民对参与生态文明建设的态度在好及以上的占 80%，较好的为 19.00%，不好的只占 1.00%。具体情况如图 5-23 所示：

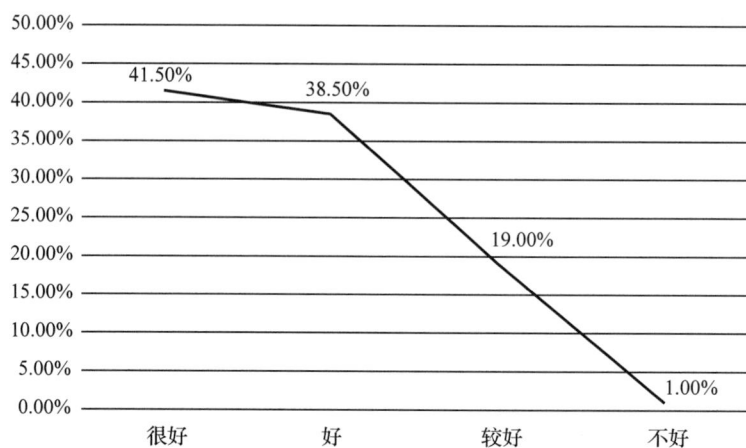

图 5-23　七台河市居民对参与生态文明建设的态度

4. 七台河市居民生态文明宣传教育参与度

　　七台河市居民生态文明宣传教育参与度在好及以上的为 25%，较好的为 52.50%，不好的占 22.50%。具体情况如图 5-24 所示：

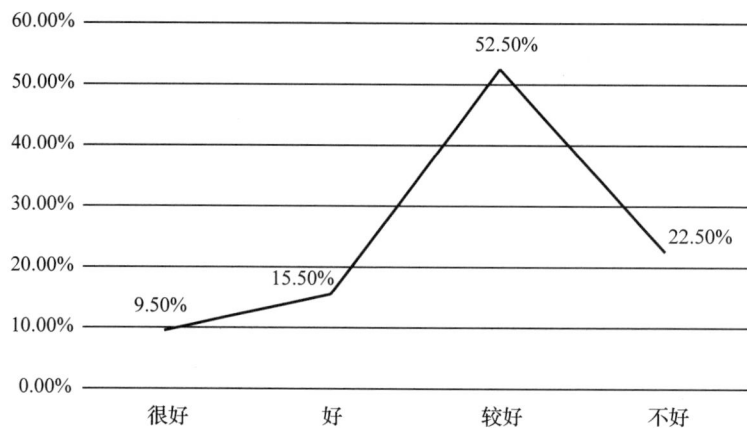

图 5-24　七台河市居民生态文明宣传教育参与度

5. 七台河市居民环境保护与监督的参与度

　　七台河市居民环境保护与监督的参与度在好及以上的将近 70%，较好的占比 24.25%，不好的达到 10.75%。具体情况如图 5-25 所示：

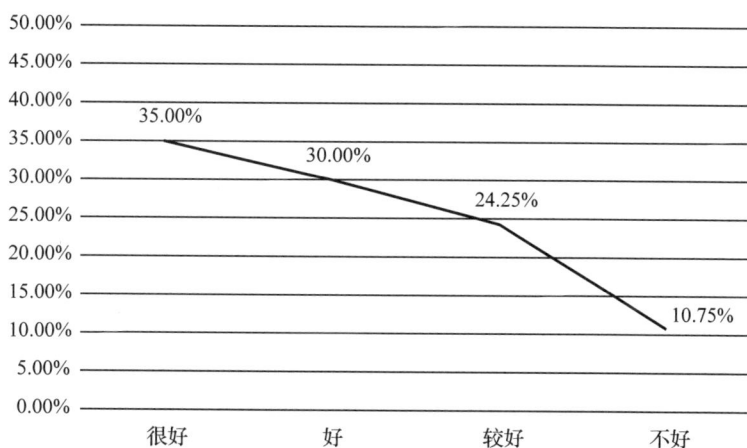

图 5-25 七台河市居民环境保护与监督的参与度

(七)大庆市生态文明建设公众参与情况分析

1. 大庆市居民生态文明相关知识了解情况

大庆市居民对生态文明相关知识了解情况在好及以上的占比超过 60%，了解情况为较好的占比 23.00%，完全不了解的占比 15.75%。具体情况如图 5-26 所示：

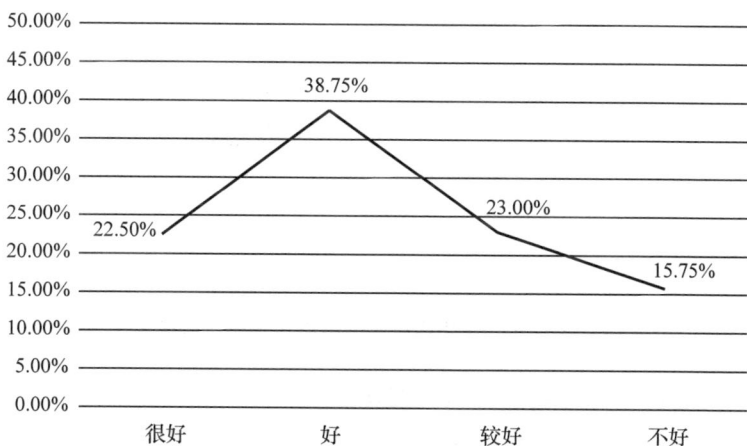

图 5-26 大庆市居民生态文明相关知识了解情况

2. 大庆市居民生态文明习惯养成情况

大庆市居民生态义明习惯养成情况在好及以上的近 60%，较好的为 35.50%，不好的占 7.00%。具体情况如图 5-27 所示：

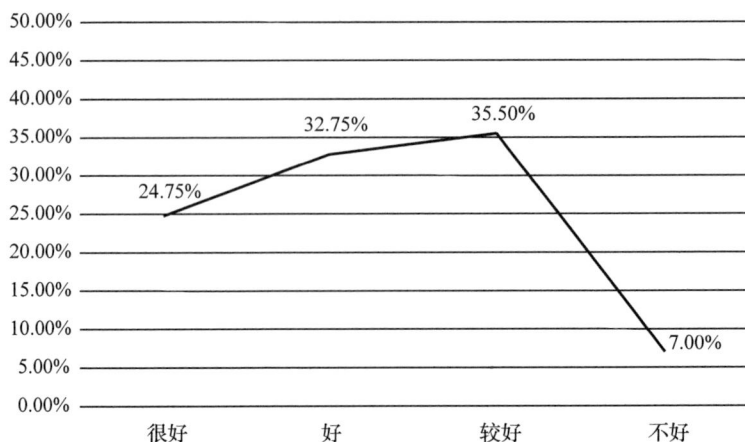

图 5-27 大庆市居民生态文明习惯养成情况

3. 大庆市居民对参与生态文明建设的态度

大庆市居民对参与生态文明建设的态度在好及以上的达到 86.00%，较好的占比 13.00%，不好的仅为 1.00%。具体情况如图 5-28 所示：

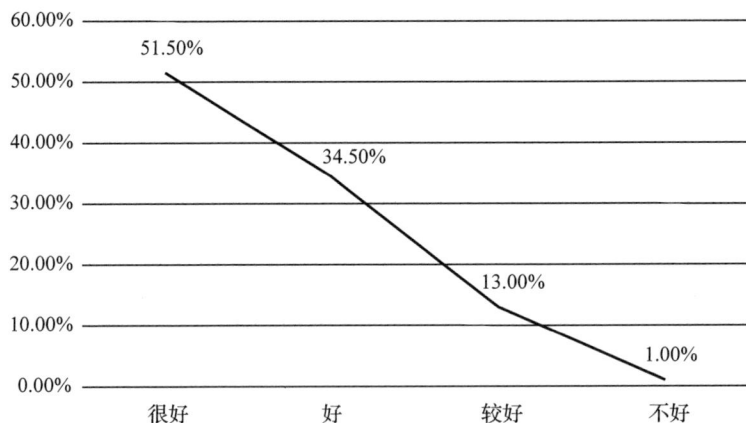

图 5-28 大庆市居民对参与生态文明建设的态度

4. 大庆市居民生态文明宣传教育参与度

大庆市居民生态文明宣传教育参与度在好及以上的仅为 25.50%，较好的占比 32.00%，不好的达到 42.50%。具体情况如图 5-29 所示：

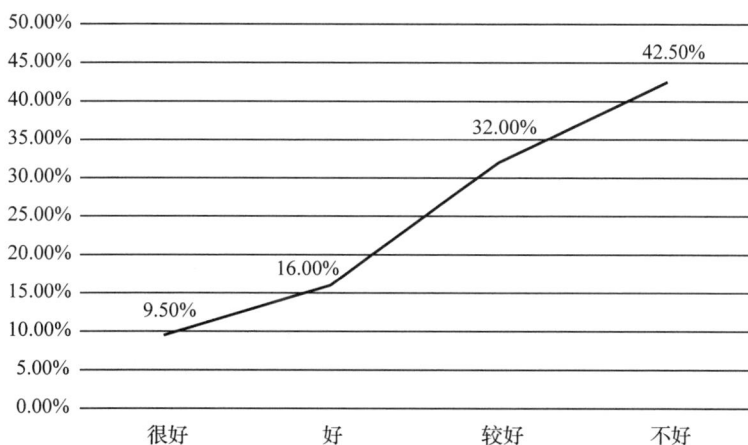

图 5-29 大庆市居民生态文明宣传教育参与度

5. 大庆市居民环境保护与监督的参与度

大庆市居民环境保护与监督的参与度在好及以上的超过 60%，较好的占比 18.25%，不好的达到 19.25%。具体情况如图 5-30 所示：

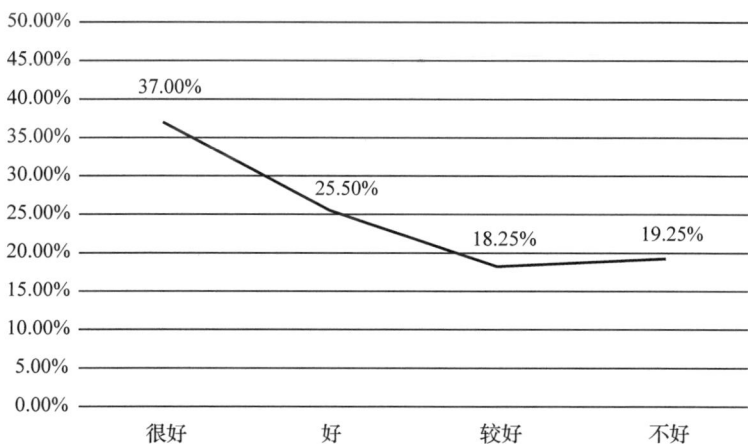

图 5-30 大庆市居民环境保护与监督的参与度

(八) 黑河市生态文明建设公众参与情况分析

1. 黑河市居民生态文明相关知识了解情况

黑河市居民对生态文明相关知识了解情况在好及以上的近 70%，了解情况为较好的占比 22.50%，完全不了解的占比 11.00%。具体情况如图 5-31 所示：

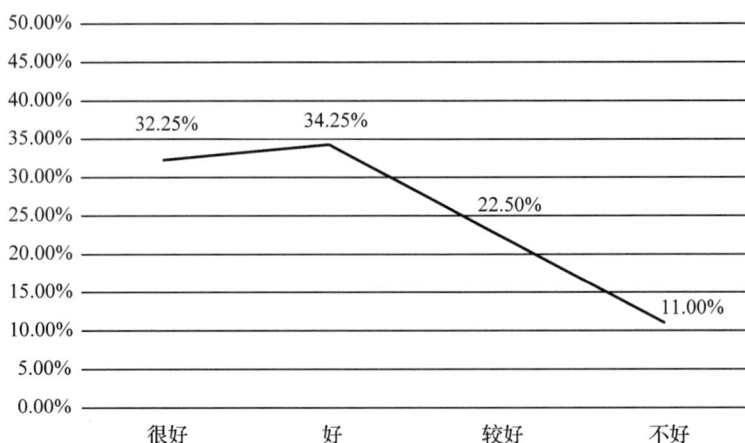

图 5-31 黑河市居民生态文明相关知识了解情况

2. 黑河市居民生态文明习惯养成情况

黑河市居民生态文明习惯养成情况在好及以上的不到50%，较好的为41.75%，不好的占8.75%。具体情况如图 5-32 所示：

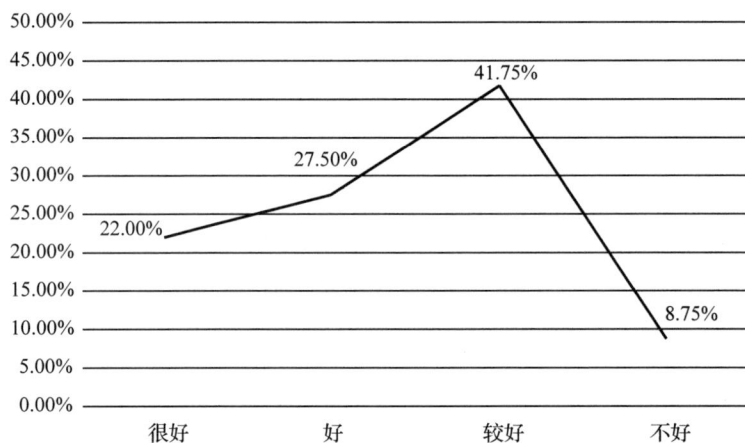

图 5-32 黑河市民生态文明习惯养成情况

3. 黑河市居民对参与生态文明建设的态度

黑河市居民对参与生态文明建设的态度在好及以上的为66%，较好的为24.00%，不好的占比10.00%。具体情况如图 5-33 所示：

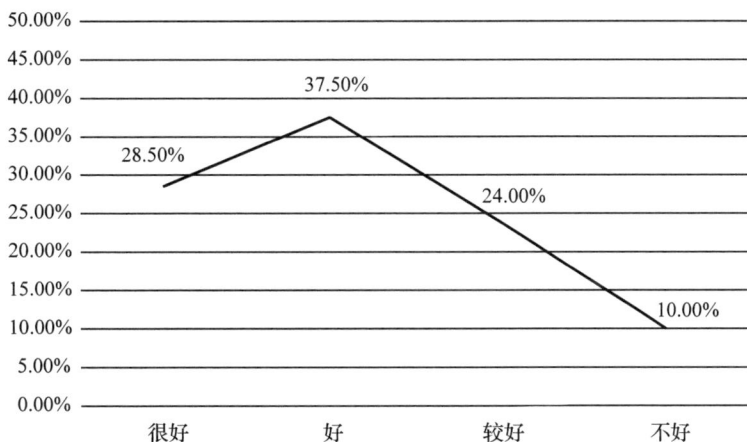

图 5-33　黑河市居民对参与生态文明建设的态度

4. 黑河市居民生态文明宣传教育参与度

黑河市居民生态文明宣传教育参与度在好及以上的为 23.50%，较好的为 52.00%，不好的占 24.50%。具体情况如图 5-34 所示：

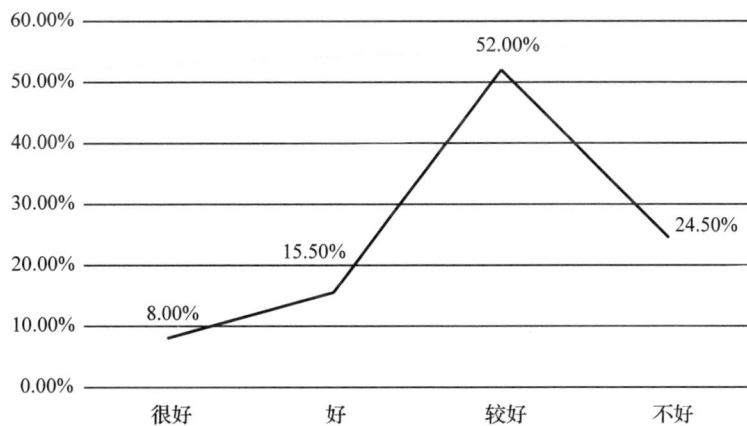

图 5-34　黑河市居民生态文明宣传教育参与度

5. 黑河市居民环境保护与监督的参与度

黑河市居民环境保护与监督的参与度在好及以上的近 60%，较好的占比 26.75%，不好的达到 15.00%。具体情况如图 5-35 所示：

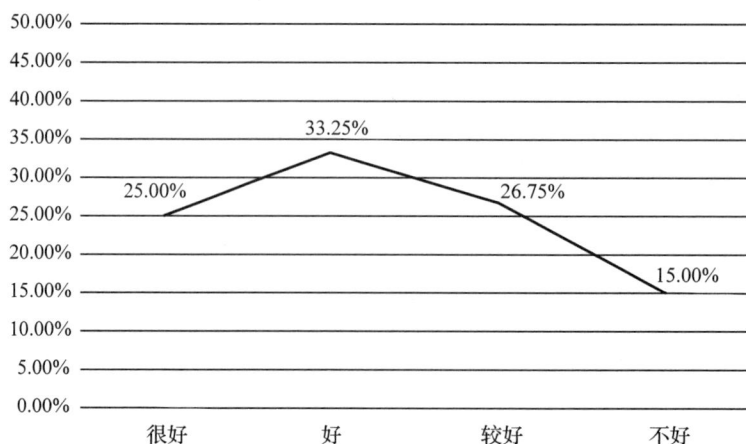

图 5-35　黑河市居民环境保护与监督的参与度

(九)绥化市生态文明建设公众参与情况分析

1. 绥化市居民生态文明相关知识了解情况

绥化市居民对生态文明相关知识了解情况在好及以上的占比近 60%，了解情况为较好的占比 26.00%，完全不了解的占比 16.00%。具体情况如图 5-36 所示：

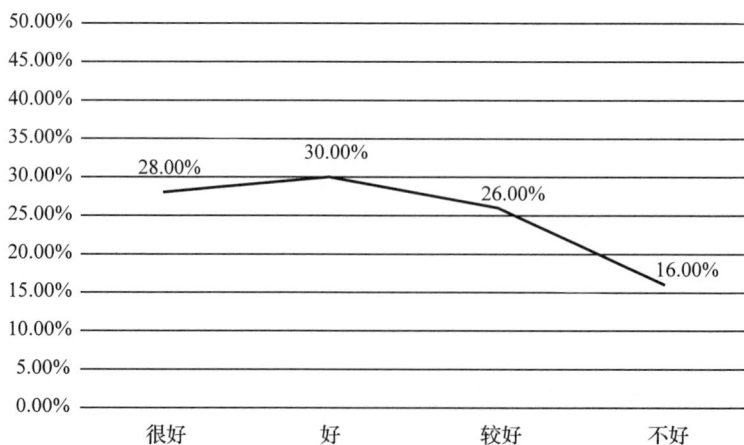

图 5-36　绥化市居民生态文明相关知识了解情况

2. 绥化市居民生态文明习惯养成情况

绥化市居民生态文明习惯养成情况在好及以上的不到 50%，较好的为 37.50%，不好的占 13.00%。具体情况如图 5-37 所示：

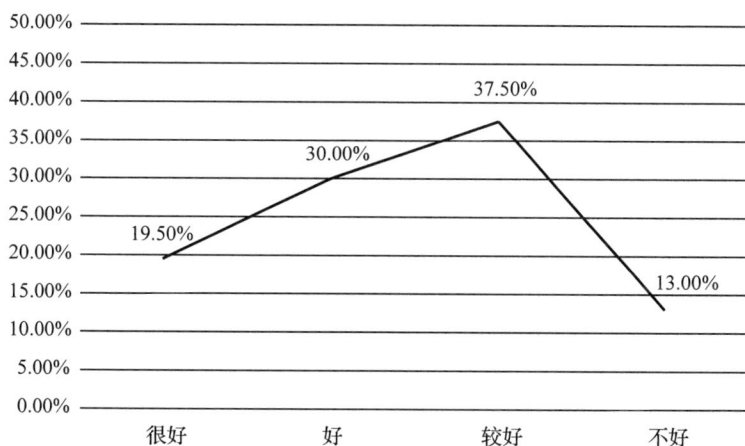

图 5-37 绥化市居民生态文明习惯养成情况

3. 绥化市居民对参与生态文明建设的态度

绥化市居民对参与生态文明建设的态度在好及以上的超过 70%，较好的为 17.50%，不好的占比 10.00%。具体情况如图 5-38 所示：

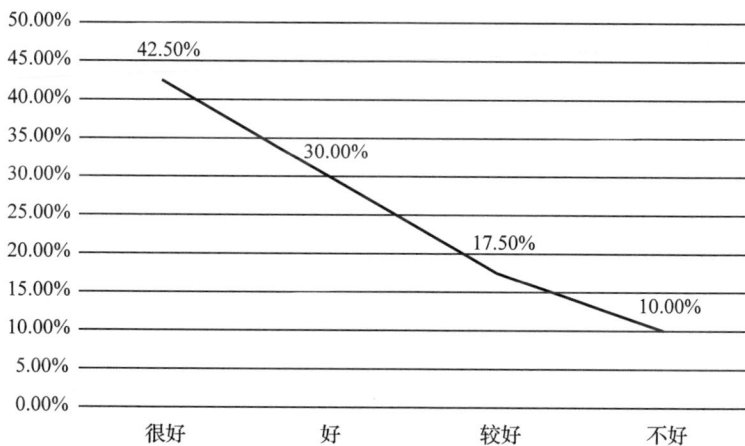

图 5-38 绥化市居民对参与生态文明建设的态度

4. 绥化市居民生态文明宣传教育参与度

绥化市居民生态文明宣传教育参与度在好及以上的为 34.50%，较好的为 45.50%，不好的占比 20.00%。具体情况如图 5-39 所示：

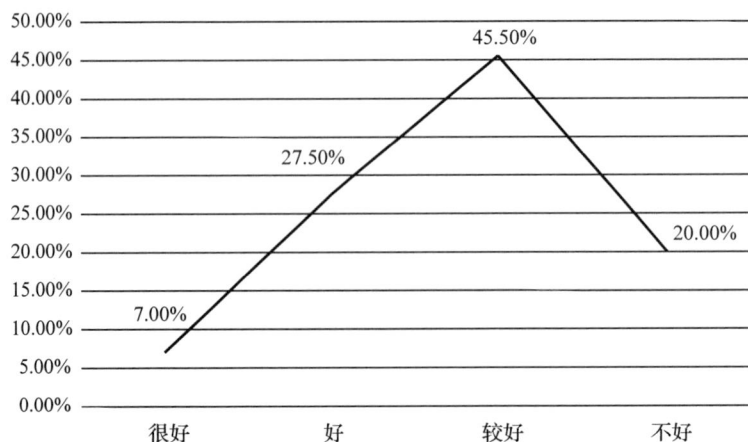

图 5-39　绥化市居民生态文明宣传教育参与度

5. 绥化市居民环境保护与监督的参与度

绥化市居民环境保护与监督的参与度在好及以上的不到 60%，较好的占比 24.00%，不好的达到 18.50%。具体情况如图 5-40 所示：

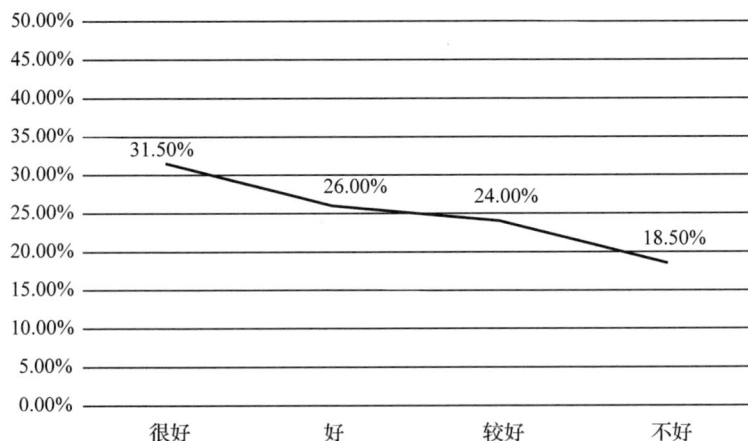

图 5-40　绥化市居民环境保护与监督的参与度

(十)伊春市生态文明建设公众参与情况分析

1. 伊春市居民生态文明相关知识了解情况

伊春市居民对生态文明相关知识了解情况在好及以上的占比 64.75%，了解情况为较好的占比 24.75%，完全不了解的占比 10.50%。具体情况如图 5-41 所示：

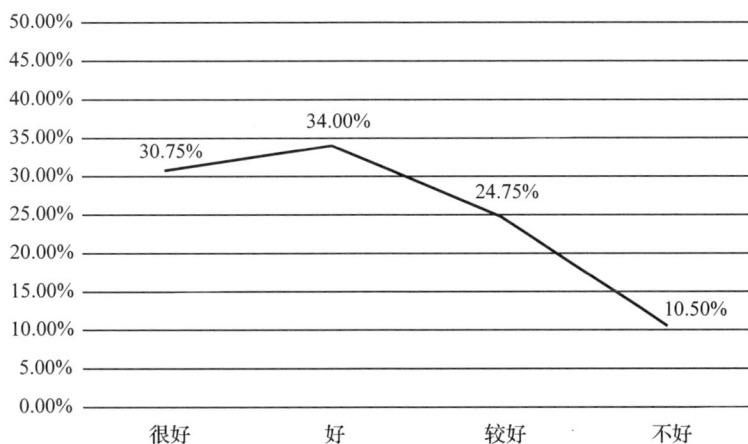

图 5-41 伊春市居民生态文明相关知识了解情况

2. 伊春市居民生态文明习惯养成情况

伊春市居民生态文明习惯养成情况在好及以上的近 60%，较好的为 23.25%，不好的占比 18.25%。具体情况如图 5-42 所示：

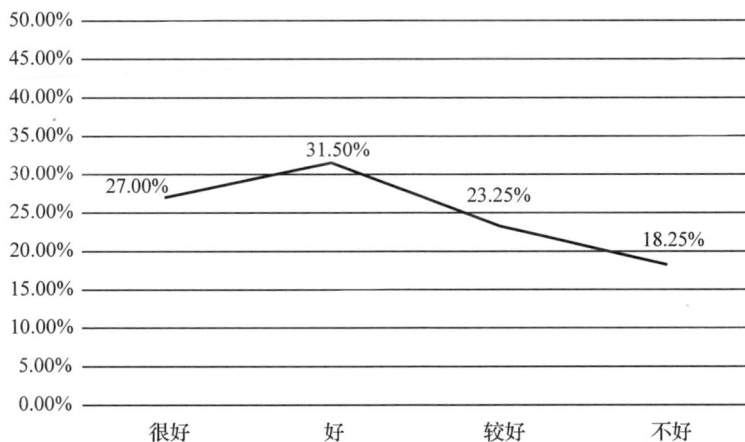

图 5-42 伊春市居民生态文明习惯养成情况

3. 伊春市居民对参与生态文明建设的态度

伊春市居民对参与生态文明建设的态度在好及以上的占比 60%，较好的仅为 25.50%，不好的占比 14.50 %。具体情况如图 5-43 所示：

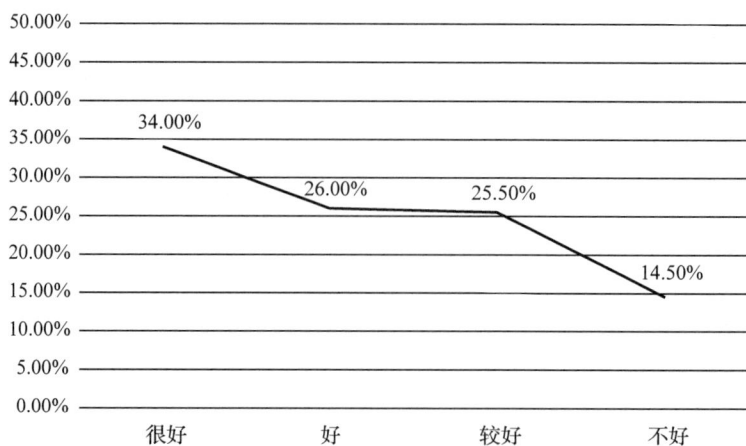

图 5-43　伊春市居民对参与生态文明建设的态度

4. 伊春市居民生态文明宣传教育参与度

伊春市居民生态文明宣传教育参与度在好及以上的占比 66.50%，较好的仅为 20.50%，不好的占比 13.00 %。具体情况如图 5-44 所示：

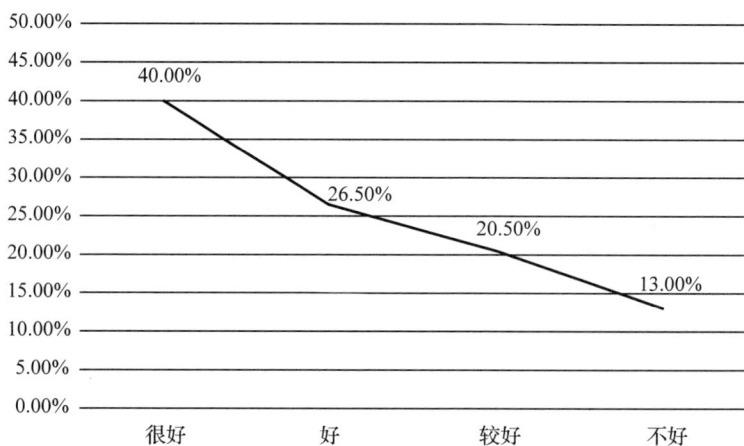

图 5-44　伊春市居民生态文明宣传教育参与度

5. 伊春市居民环境保护与监督的参与度

伊春市居民环境保护与监督的参与度在好及以上的近 70%，较好的占比 18.00%，不好的占比 13.75%。具体情况如图 5-45 所示：

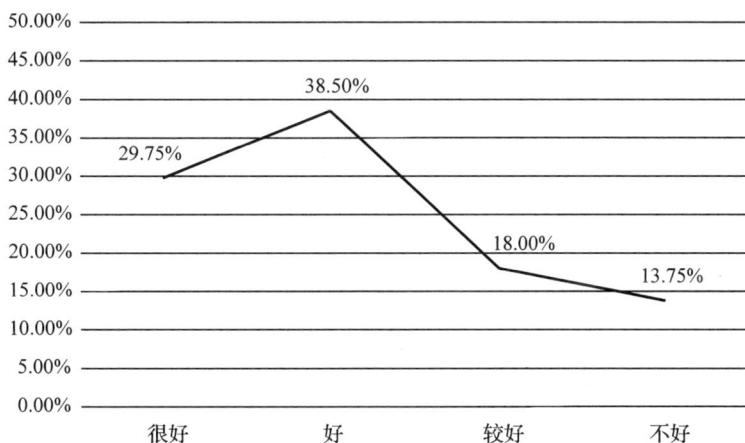

图 5-45　伊春市居民环境保护与监督的参与度

(十一)鹤岗市生态文明建设公众参与情况分析

1. 鹤岗市居民生态文明相关知识了解情况

鹤岗市居民对生态文明相关知识了解情况在好及以上的占比 51.75%，了解情况为较好的占比 39.25%，完全不了解的占比 9.00%。具体情况如图 5-46 所示：

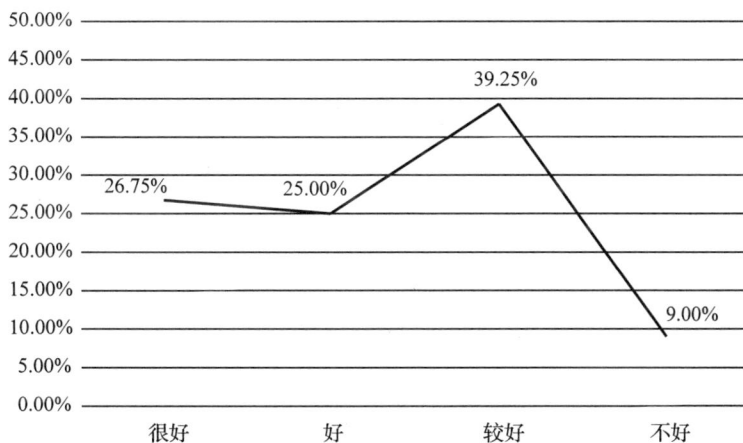

图 5-46　鹤岗市居民生态文明相关知识了解情况

2. 鹤岗市居民生态文明习惯养成情况

鹤岗市居民生态文明习惯养成情况在好及以上的近 70%，较好的为 22.75%，不好的只占 9.00%。具体情况如图 5-47 所示：

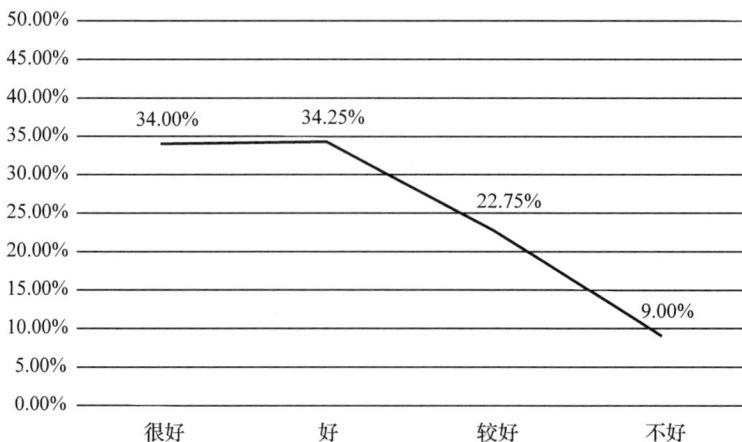

图 5-47　鹤岗市居民生态文明习惯养成情况

3. 鹤岗市居民对参与生态文明建设的态度

鹤岗市居民对参与生态文明建设的态度在好及以上的超过90%，较好的为3.50%，不好的为0。具体情况如图5-48所示：

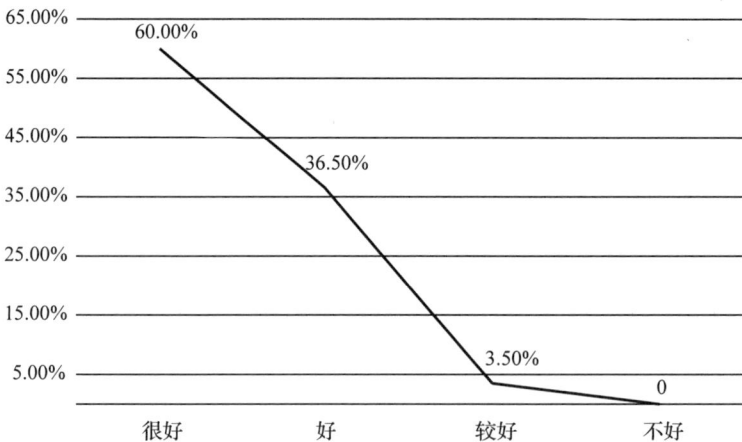

图 5-48　鹤岗市居民对参与生态文明建设的态度

4. 鹤岗市居民生态文明宣传教育参与度

鹤岗市居民生态文明宣传教育参与度在好及以上的近70%，较好的为20.00%，不好的占比13.00%。具体情况如图5-49所示：

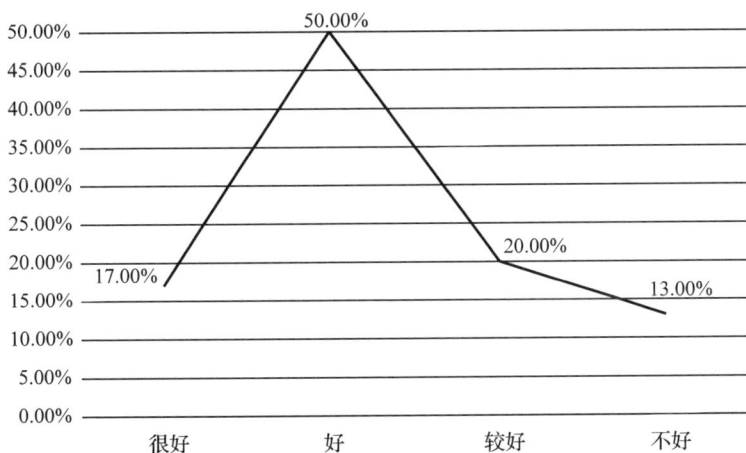

图 5-49　鹤岗市居民生态文明宣传教育参与度

5. 鹤岗市居民环境保护与监督的参与度

鹤岗市居民环境保护与监督的参与度在好及以上的超过 60%，较好的占比 21.50%，不好的达到 15.25%。具体情况如图 5-50 所示：

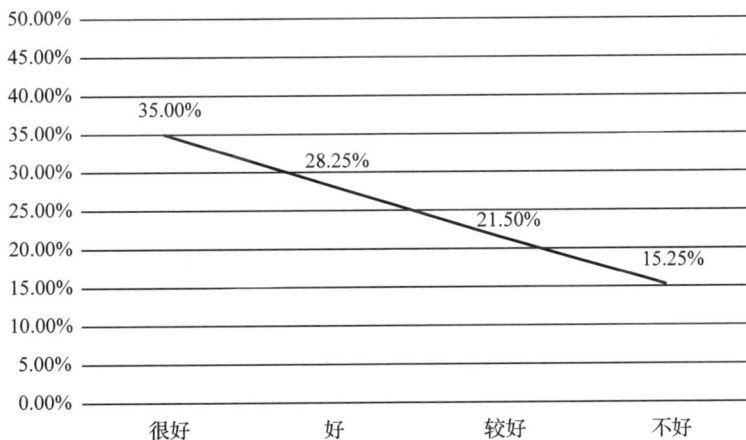

图 5-50　鹤岗市居民环境保护与监督的参与度

(十二)双鸭山市生态文明建设公众参与情况分析

1. 双鸭山市居民生态文明相关知识了解情况

双鸭山市居民对生态文明相关知识了解情况在好及以上的占比近 70%，了解情况为较好的占比 23.75%，完全不了解的占比 7.75%。具体情况如图 5-51 所示：

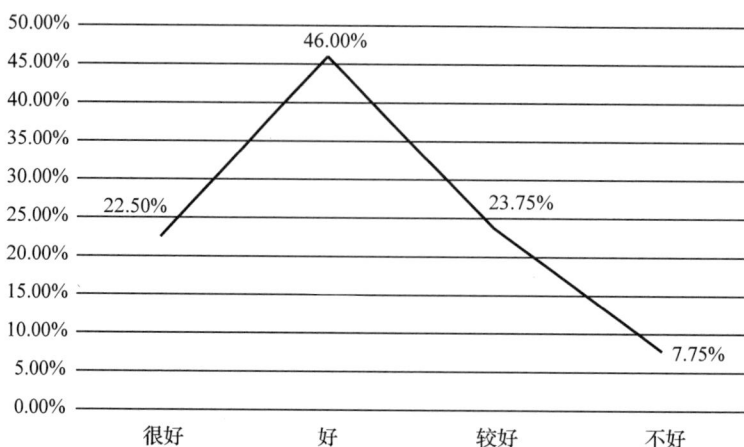

图 5-51 双鸭山市居民生态文明相关知识了解情况

2. 双鸭山市居民生态文明习惯养成情况

双鸭山市居民生态文明习惯养成情况在好及以上的超过 60%，较好的为 32.75%，不好的占比 6.75%。具体情况如图 5-52 所示：

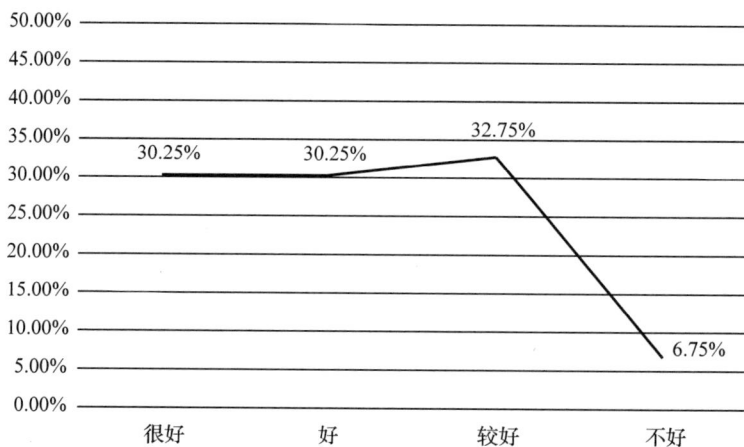

图 5-52 双鸭山市居民生态文明习惯养成情况

3. 双鸭山市居民对参与生态文明建设的态度

双鸭山市居民对参与生态文明建设的态度在好及以上的占比 80%，较好的占比 19.00%，不好的只占 1.00%。具体情况如图 5-53 所示：

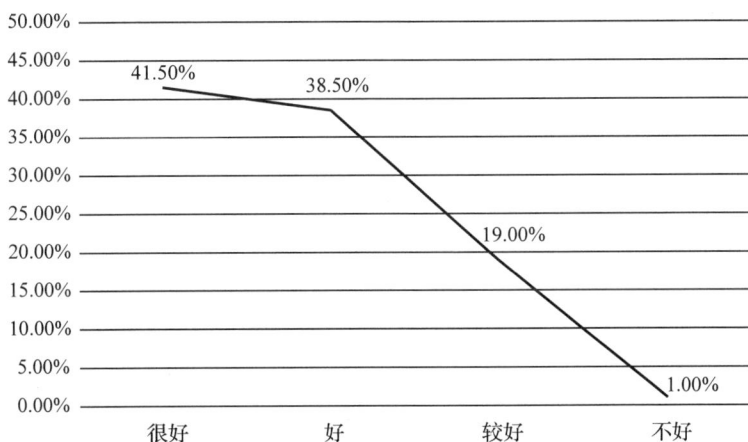

图 5-53   双鸭山市居民对参与生态文明建设的态度

4. 双鸭山市居民生态文明宣传教育参与度

双鸭山市居民生态文明宣传教育参与度在好及以上的占比 22.50%，较好的占比 45.50%，不好的占比 32.00%。具体情况如图 5-54 所示：

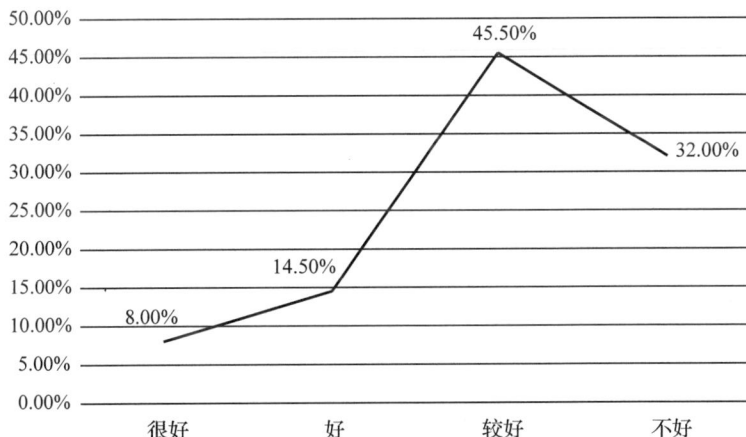

图 5-54   双鸭山市居民生态文明宣传教育参与度

5. 双鸭山市居民环境保护与监督的参与度

双鸭山市居民环境保护与监督的参与度在好及以上的超过 60%，较好的占比 21.75%，不好的达到 15.00%。具体情况如图 5-55 所示：

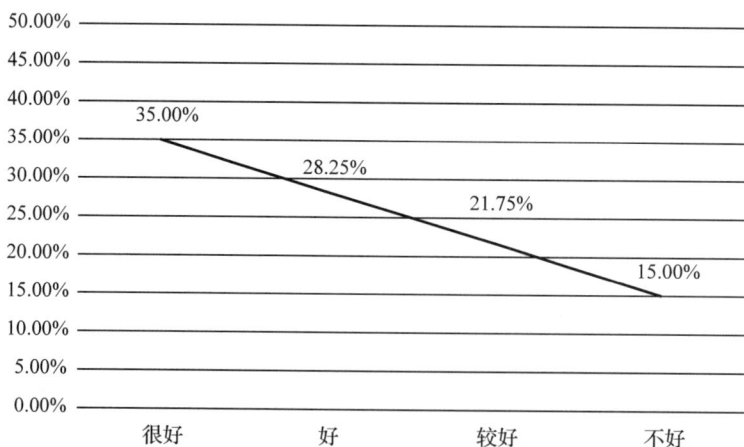

图 5-55　双鸭山市居民环境保护与监督的参与度

（十三）鸡西市生态文明建设公众参与情况分析

1. 鸡西市居民生态文明相关知识了解情况

鸡西市居民对生态文明相关知识了解情况在好及以上的占比近80%，了解情况为较好的占比 19.25%，完全不了解的占比 3.75%。具体情况如图 5-56 所示：

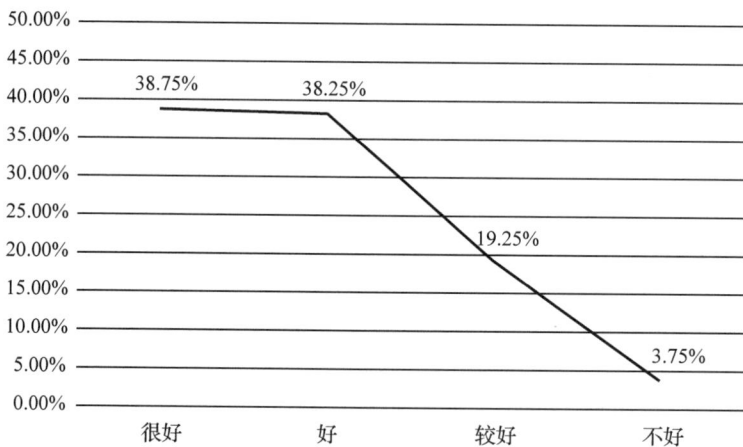

图 5-56　鸡西市居民生态文明相关知识了解情况

2. 鸡西市居民生态文明习惯养成情况

鸡西市居民生态文明习惯养成情况在好及以上的超过 70%，较好的占比 24.25%，不好的占比 2.50%。具体情况如图 5-57 所示：

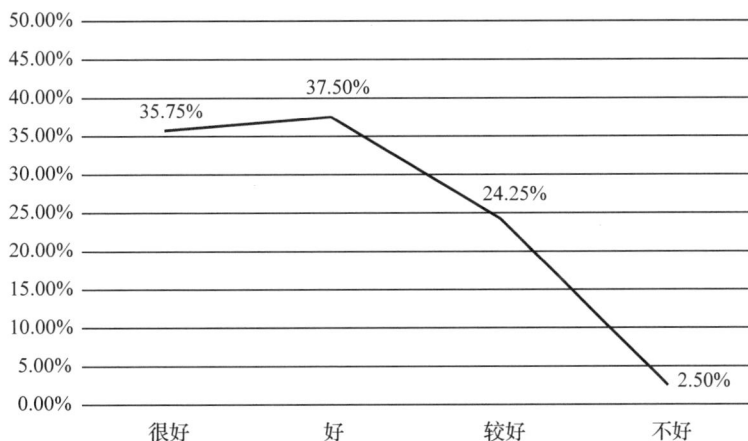

图 5-57　鸡西市居民生态文明习惯养成情况

3. 鸡西市居民对参与生态文明建设的态度

鸡西市居民对参与生态文明建设的态度在好及以上的超过 80%，较好的为 13.00%，不好的只占 1.00%。具体情况如图 5-58 所示：

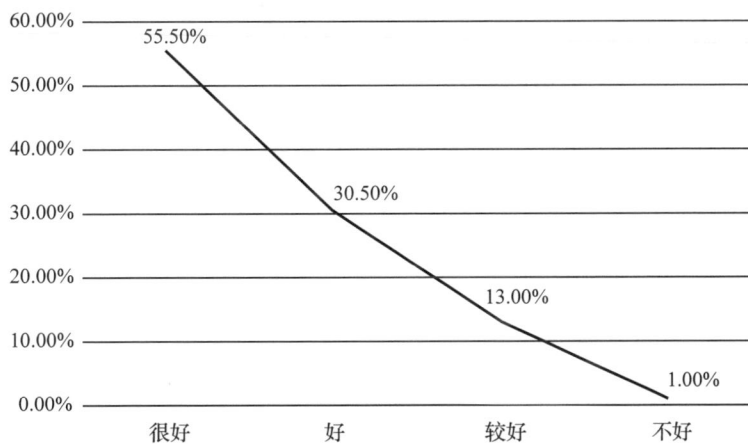

图 5-58　鸡西市居民对参与生态文明建设的态度

4. 鸡西市居民生态文明宣传教育参与度

鸡西市居民生态文明宣传教育参与度在好及以上的占比 60%，较好的为 29.50%，不好的占比 10.50%。具体情况如图 5-59 所示：

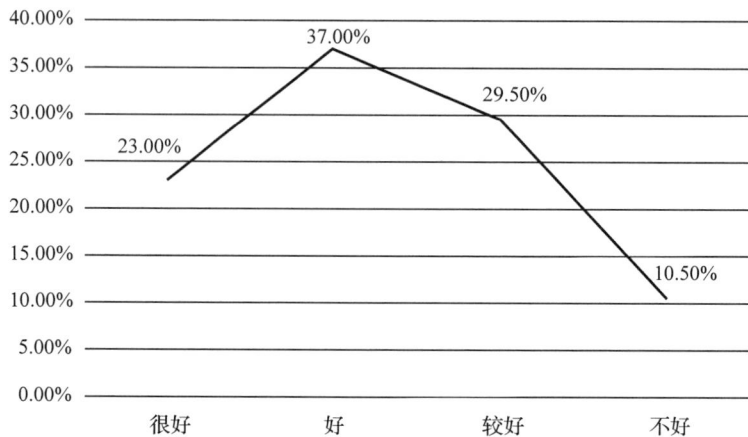

图 5-59　鸡西市居民生态文明宣传教育参与度

5. 鸡西市居民环境保护与监督的参与度

鸡西市居民环境保护与监督的参与度在好及以上的超过 70%，较好的占比 18.75%，不好的达到 5.25%。具体情况如图 5-60 所示：

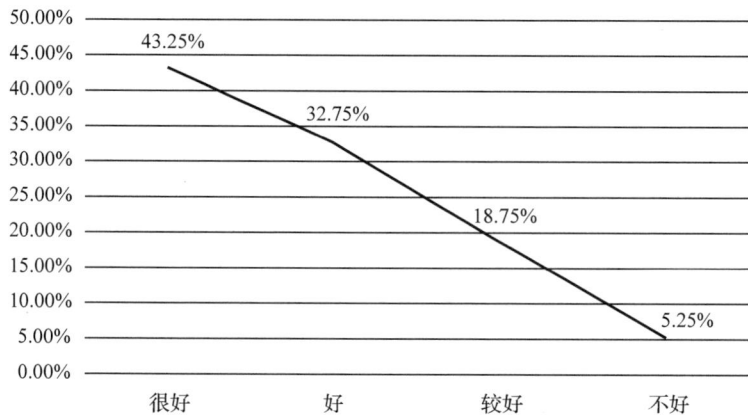

图 5-60　鸡西市居民环境保护与监督的参与度

(十四)大兴安岭地区生态文明建设公众参与情况分析

1. 大兴安岭地区居民生态文明相关知识了解情况

大兴安岭地区居民对生态文明相关知识了解情况在好及以上的占比超过 70%，了解情况为较好的占比 21.50%，完全不了解的占比 4.25%。具体情况如图 5-61 所示：

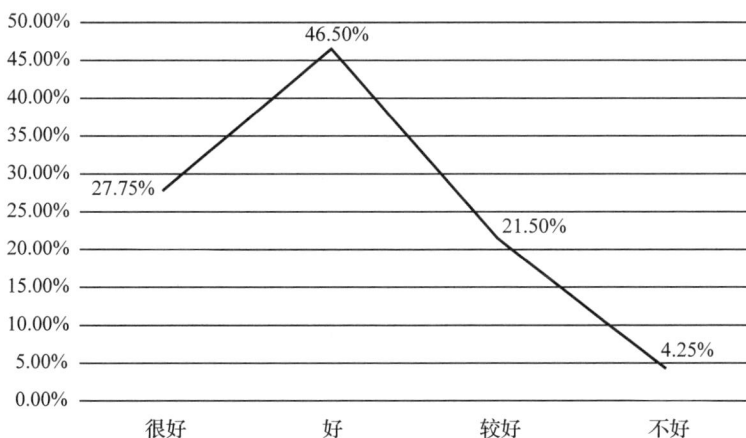

图 5-61　大兴安岭地区居民生态文明相关知识了解情况

2. 大兴安岭地区居民生态文明习惯养成情况

大兴安岭地区居民生态文明习惯养成情况在好及以上的占比 74.25%，较好的占比 24.75%，不好的只占 1.00%。具体情况如图 5-62 所示：

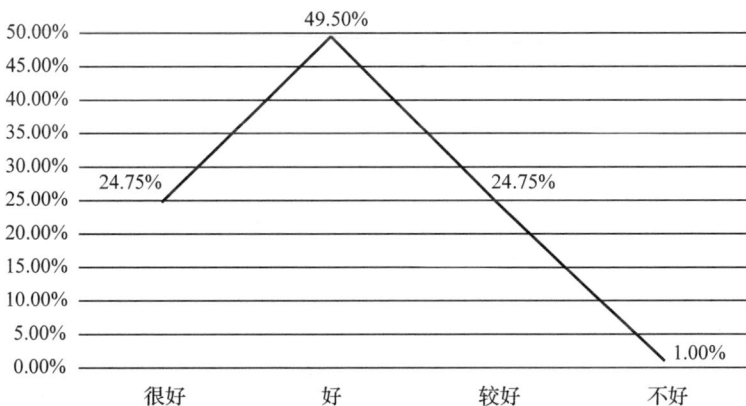

图 5-62　大兴安岭地区居民生态文明习惯养成情况

3. 大兴安岭地区居民对参与生态文明建设的态度

大兴安岭地区居民对参与生态文明建设的态度在好及以上的为 91.00%，较好的为 9.00%，不好的为 0。具体情况如图 5-63 所示：

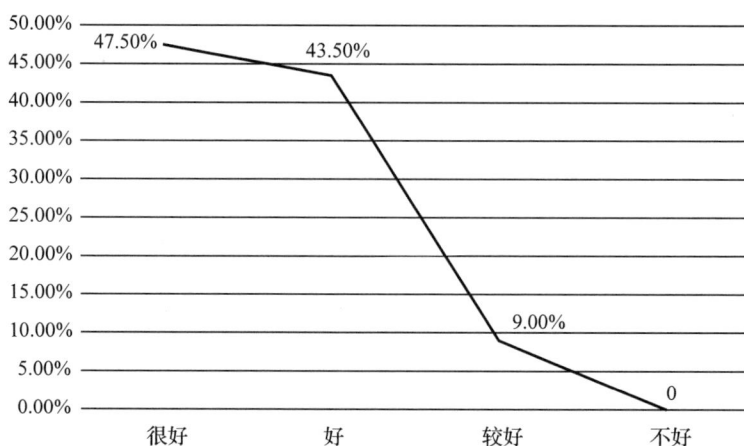

图 5-63　大兴安岭地区居民对参与生态文明建设的态度

4. 大兴安岭地区居民生态文明宣传教育参与度

大兴安岭地区居民生态文明宣传教育参与度在好及以上的为 48.00%，较好的为 20.50%，不好的为 31.50%。具体情况如图 5-64 所示：

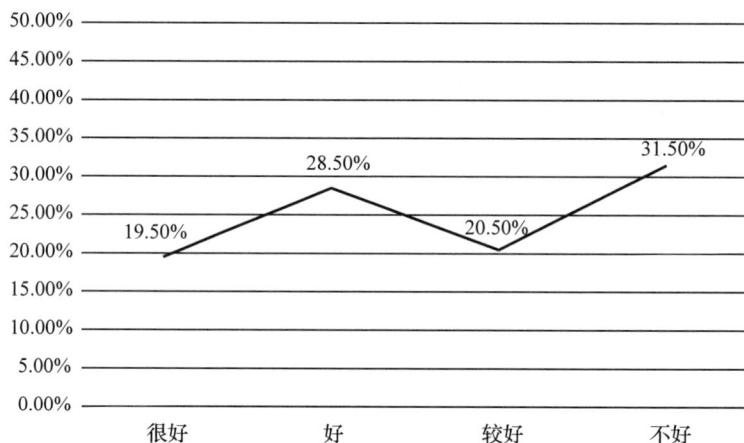

图 5-64　大兴安岭地区居民生态文明宣传教育参与度

5. 大兴安岭地区居民环境保护与监督的参与度

大兴安岭地区居民环境保护与监督的参与度在好及以上的为 75.50%，较好的占比 14.00%，不好的为 10.50%。具体情况如图 5-65 所示：

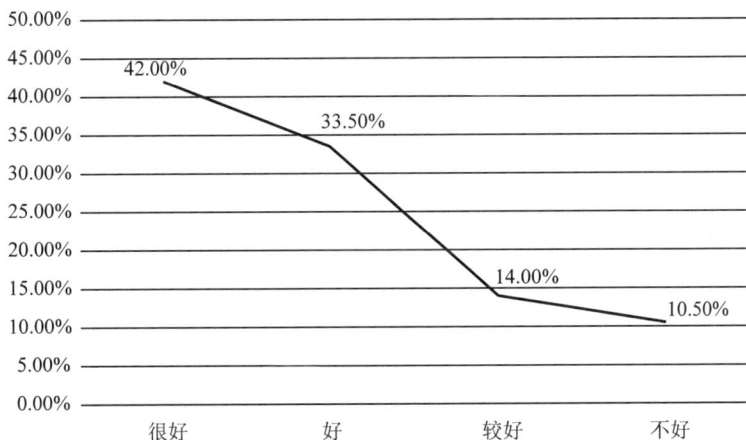

图5-65　大兴安岭地区居民环境保护与监督的参与度

第二节　指标总体分析

一、统计分析方法

"生态文明建设公众参与情况"一级指标下设5个二级指标，即"居民生态文明相关知识了解情况""居民生态文明养成情况""居民对参与生态文明建设的态度""居民生态文明宣传教育参与度""居民环境保护与监督的参与度"。

(一)居民生态文明相关知识了解情况

在单项分析结果的基础上，对4个等级选项进行赋值，即将"很好"赋值为100分，"好"赋值为80分，"较好"赋值为60分，"不好"赋值为0分。相应地，居民生态文明相关知识了解情况=选项很好的百分比×100+选项好的百分比×80+选项较好的百分比×60+选项不好的百分比×0。

(二)居民生态文明养成情况

在单项分析结果的基础上，对4个等级选项进行赋值，即将"很好"赋值为100分，"好"赋值为80分，"较好"赋值为60分，"不好"赋值为0分。相应地，居民生态文明养成情况=选项很好的百分比×100+选项好的百分比×80+选项较好的百分比×60+选项不好的百分比×0。

(三)居民对参与生态文明建设的态度

在单项分析结果的基础上,对4个等级选项进行赋值,即将"很好"赋值为100分,"好"赋值为80分,"较好"赋值为60分,"不好"赋值为0分。相应地,居民对生态文明建设的态度=选项很好的百分比×100+选项好的百分比×80+选项较好的百分比×60+选项不好的百分比×0。

(四)居民生态文明宣传教育参与度

在单项分析结果的基础上,对4个等级选项进行赋值,即将"很好"赋值为100分,"好"赋值为80分,"较好"赋值为60分,"不好"赋值为0分。相应地,居民生态文明宣传教育参与度=选项很好的百分比×100+选项好的百分比×80+选项较好的百分比×60+选项不好的百分比×0。

(五)居民环境保护与监督的参与度

在单项分析结果的基础上,对4个等级选项进行赋值,即将"很好"赋值为100分,"好"赋值为80分,"较好"赋值为60分,"不好"赋值为0分。相应地,居民环境保护与监督的参与度=选项很好的百分比×100+选项好的百分比×80+选项较好的百分比×60+选项不好的百分比×0。

二、二级指标总体分析结果

(一)哈尔滨市生态文明建设公众参与情况二级指标总体分析结果(图5-66)

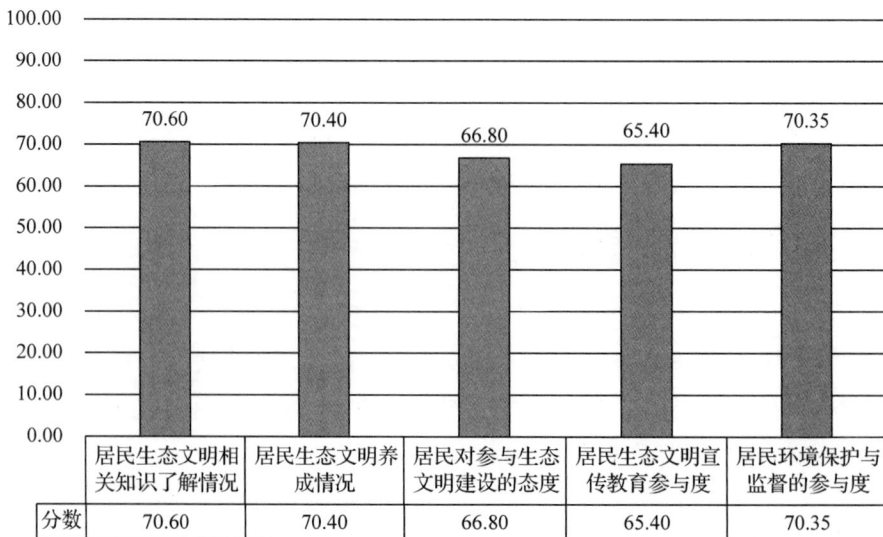

	居民生态文明相关知识了解情况	居民生态文明养成情况	居民对参与生态文明建设的态度	居民生态文明宣传教育参与度	居民环境保护与监督的参与度
分数	70.60	70.40	66.80	65.40	70.35

图5-66 哈尔滨市生态文明建设公众参与情况

（二）齐齐哈尔市生态文明建设公众参与情况二级指标总体分析结果（图 5-67）

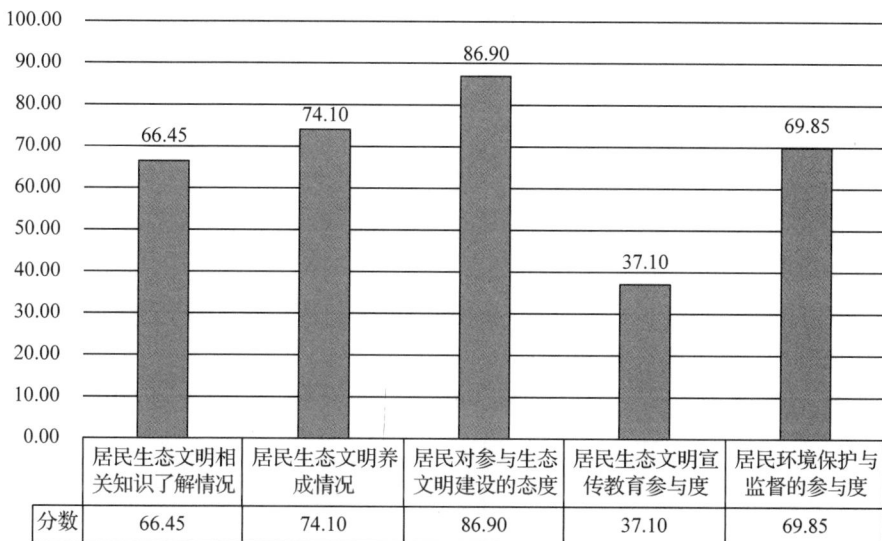

分数	66.45	74.10	86.90	37.10	69.85
	居民生态文明相关知识了解情况	居民生态文明养成情况	居民对参与生态文明建设的态度	居民生态文明宣传教育参与度	居民环境保护与监督的参与度

图 5-67　齐齐哈尔市生态文明建设公众参与情况

（三）牡丹江市生态文明建设公众参与情况二级指标总体分析结果（图 5-68）

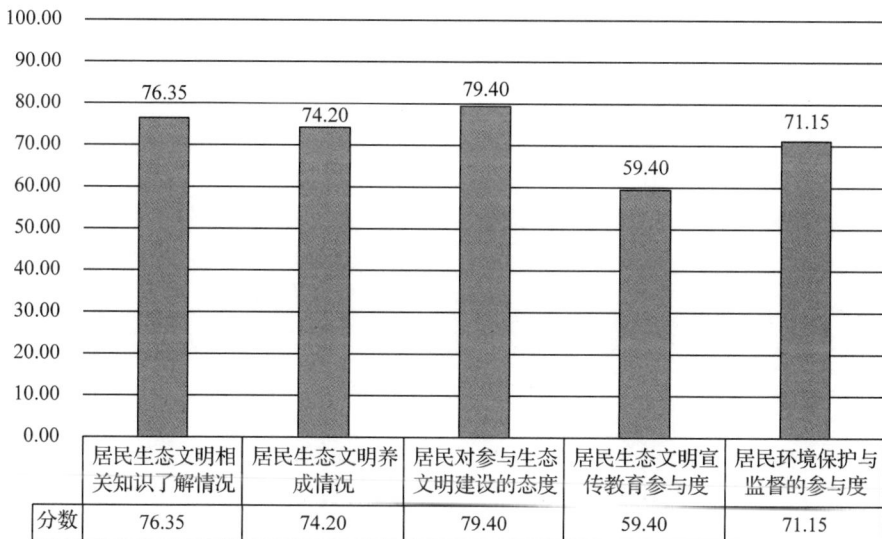

分数	76.35	74.20	79.40	59.40	71.15
	居民生态文明相关知识了解情况	居民生态文明养成情况	居民对参与生态文明建设的态度	居民生态文明宣传教育参与度	居民环境保护与监督的参与度

图 5-68　牡丹江市生态文明建设公众参与情况

（四）佳木斯市生态文明建设公众参与情况二级指标总体分析结果（图 5-69）

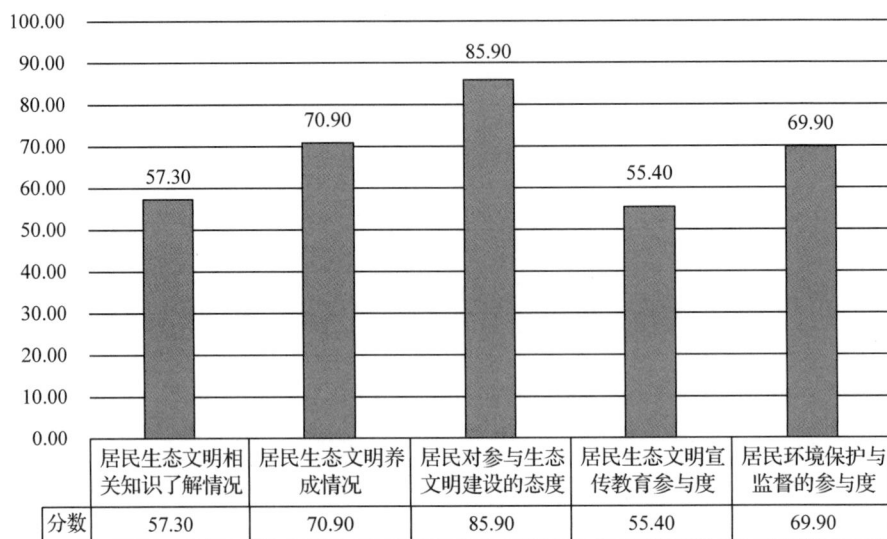

	居民生态文明相关知识了解情况	居民生态文明养成情况	居民对参与生态文明建设的态度	居民生态文明宣传教育参与度	居民环境保护与监督的参与度
分数	57.30	70.90	85.90	55.40	69.90

图 5-69　佳木斯市生态文明建设公众参与情况

（五）七台河市生态文明建设公众参与情况二级指标总体分析结果（图 5-70）

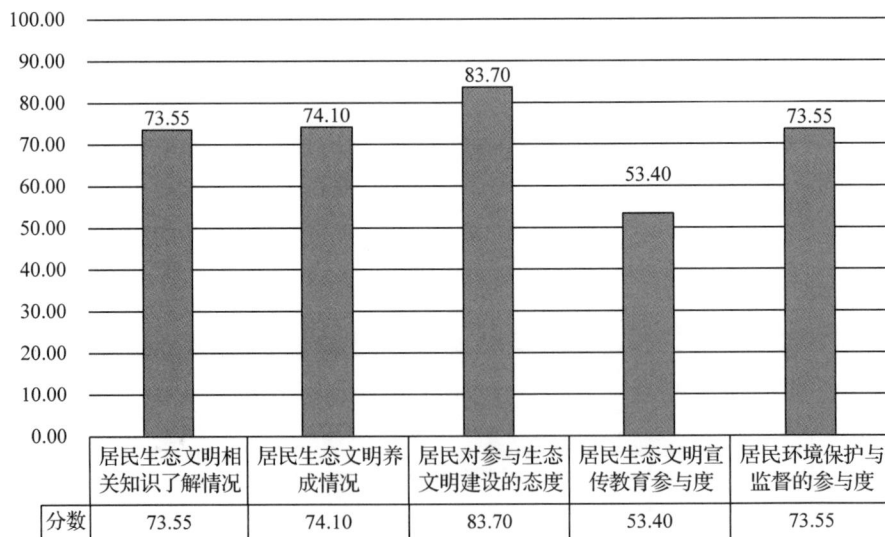

	居民生态文明相关知识了解情况	居民生态文明养成情况	居民对参与生态文明建设的态度	居民生态文明宣传教育参与度	居民环境保护与监督的参与度
分数	73.55	74.10	83.70	53.40	73.55

图 5-70　七台河市生态文明建设公众参与情况

（六）大庆市生态文明建设公众参与情况二级指标总体分析结果（图5-71）

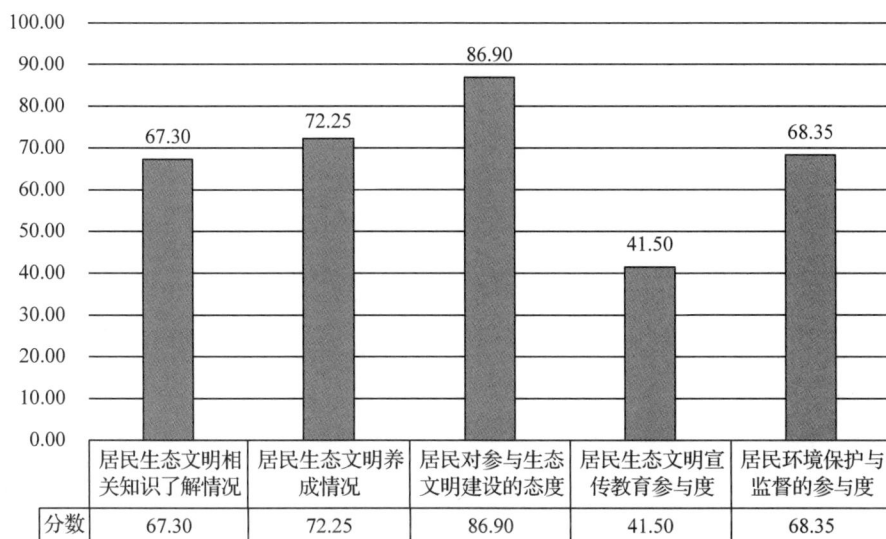

	居民生态文明相关知识了解情况	居民生态文明养成情况	居民对参与生态文明建设的态度	居民生态文明宣传教育参与度	居民环境保护与监督的参与度
分数	67.30	72.25	86.90	41.50	68.35

图5-71 大庆市生态文明建设公众参与情况

（七）黑河市生态文明建设公众参与情况二级指标总体分析结果（图5-72）

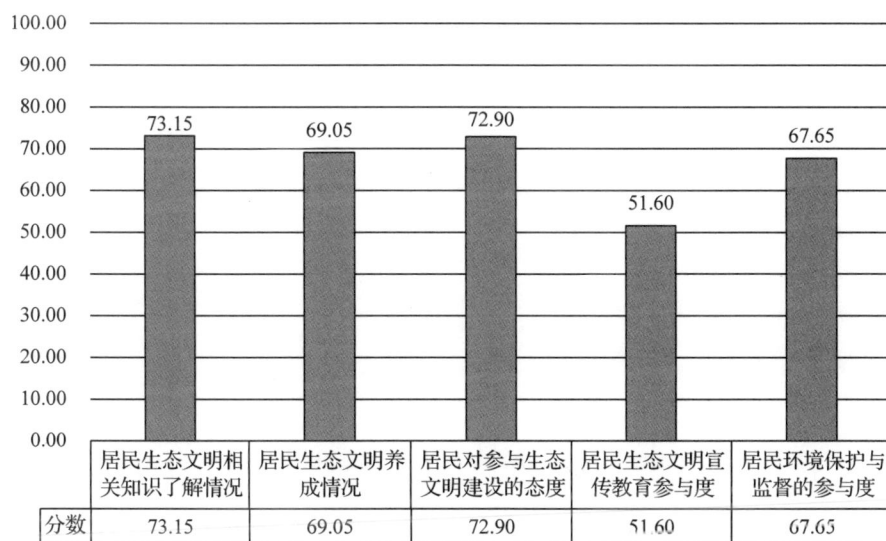

	居民生态文明相关知识了解情况	居民生态文明养成情况	居民对参与生态文明建设的态度	居民生态文明宣传教育参与度	居民环境保护与监督的参与度
分数	73.15	69.05	72.90	51.60	67.65

图5-72 黑河市生态文明建设公众参与情况

（八）绥化市生态文明建设公众参与情况二级指标总体分析结果（图 5-73）

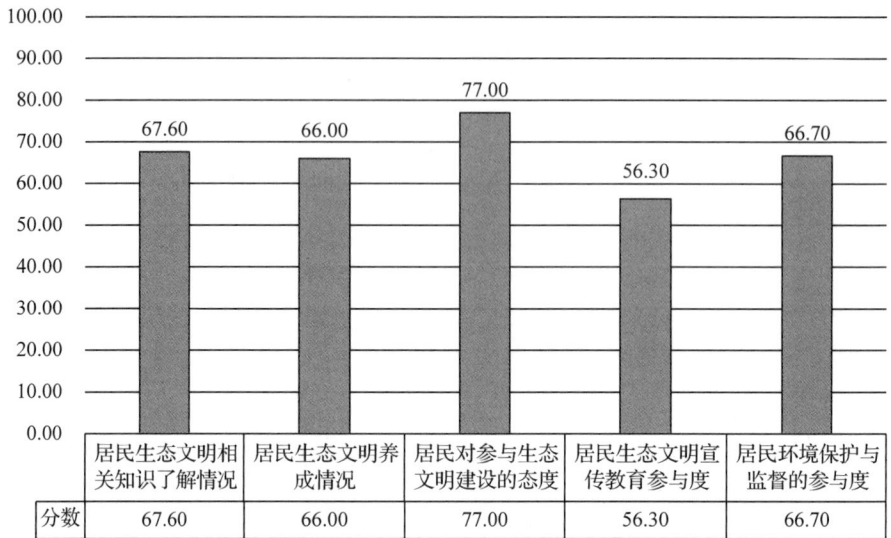

	居民生态文明相关知识了解情况	居民生态文明养成情况	居民对参与生态文明建设的态度	居民生态文明宣传教育参与度	居民环境保护与监督的参与度
分数	67.60	66.00	77.00	56.30	66.70

图 5-73　绥化市生态文明建设公众参与情况

（九）伊春市生态文明建设公众参与情况二级指标总体分析结果（图 5-74）

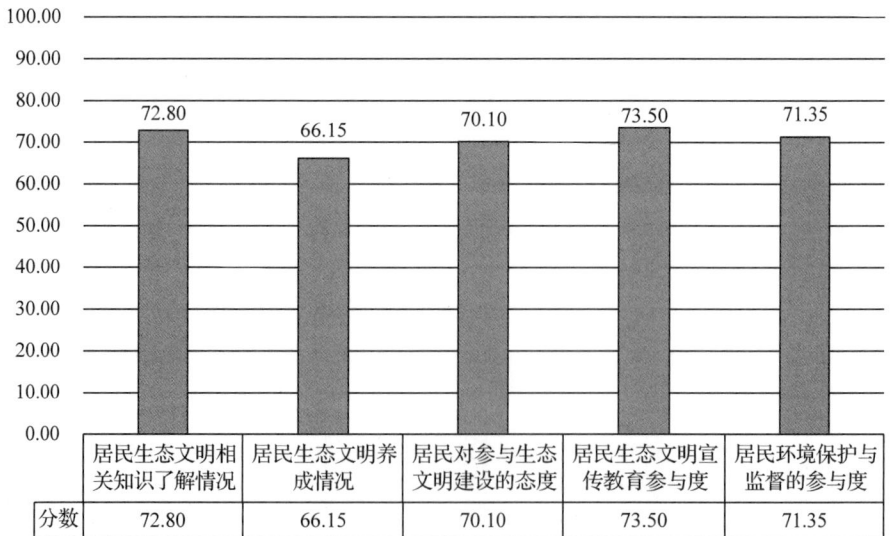

	居民生态文明相关知识了解情况	居民生态文明养成情况	居民对参与生态文明建设的态度	居民生态文明宣传教育参与度	居民环境保护与监督的参与度
分数	72.80	66.15	70.10	73.50	71.35

图 5-74　伊春市生态文明建设公众参与情况

(十)鹤岗市生态文明建设公众参与情况二级指标总体分析结果(图5-75)

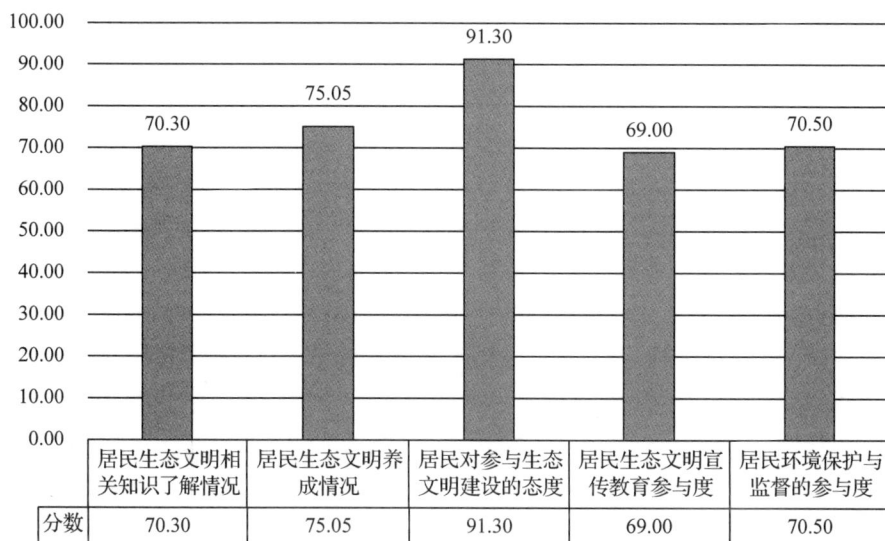

	居民生态文明相关知识了解情况	居民生态文明养成情况	居民对参与生态文明建设的态度	居民生态文明宣传教育参与度	居民环境保护与监督的参与度
分数	70.30	75.05	91.30	69.00	70.50

图5-75 鹤岗市生态文明建设公众参与情况

(十一)双鸭山市生态文明建设公众参与情况二级指标总体分析结果(图5-76)

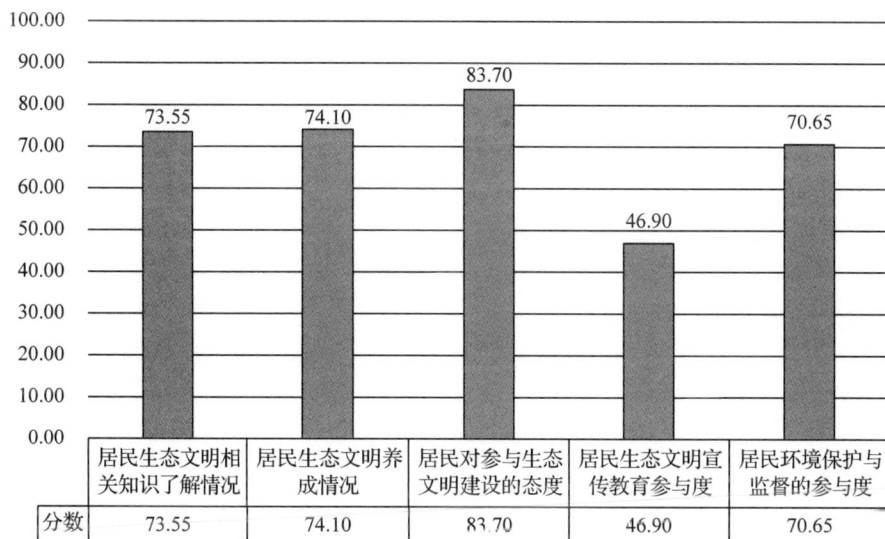

	居民生态文明相关知识了解情况	居民生态文明养成情况	居民对参与生态文明建设的态度	居民生态文明宣传教育参与度	居民环境保护与监督的参与度
分数	73.55	74.10	83.70	46.90	70.65

图5-76 双鸭山市生态文明建设公众参与情况

（十二）鸡西市生态文明建设公众参与情况二级指标总体分析结果（图5-77）

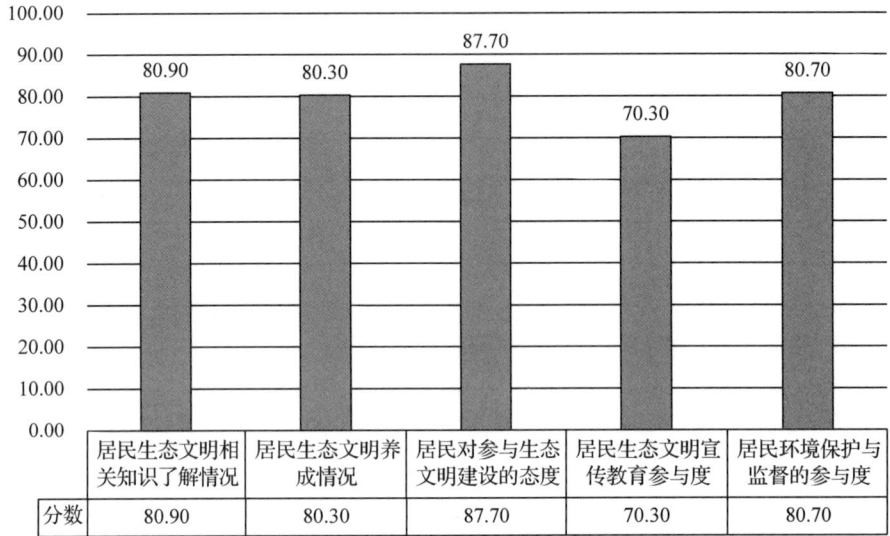

	居民生态文明相关知识了解情况	居民生态文明养成情况	居民对参与生态文明建设的态度	居民生态文明宣传教育参与度	居民环境保护与监督的参与度
分数	80.90	80.30	87.70	70.30	80.70

图5-77　鸡西市生态文明建设公众参与情况

（十三）大兴安岭地区生态文明建设公众参与情况二级指标总体分析结果（图5-78）

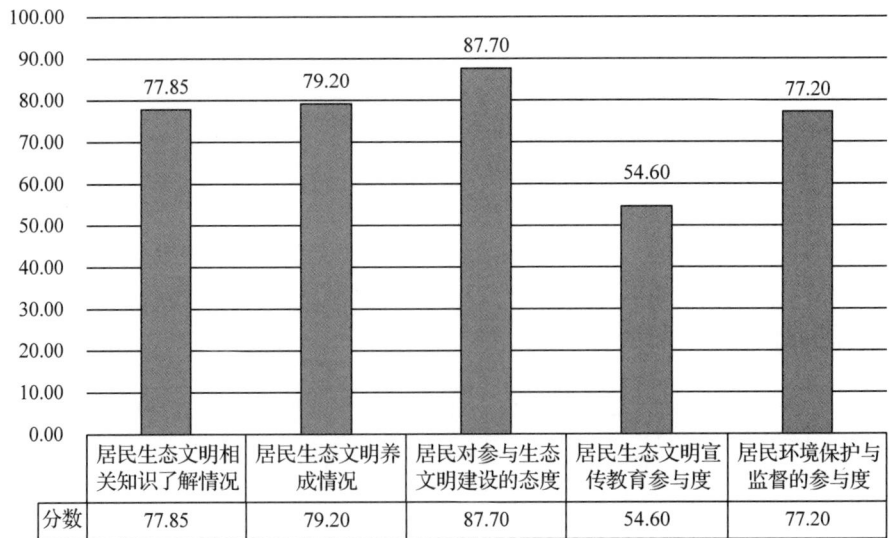

	居民生态文明相关知识了解情况	居民生态文明养成情况	居民对参与生态文明建设的态度	居民生态文明宣传教育参与度	居民环境保护与监督的参与度
分数	77.85	79.20	87.70	54.60	77.20

图5-78　大兴安岭地区生态文明建设公众参与情况

第三节 指标对比分析

一、指标对比分析统计方法

在总体分析的基础上，每个二级指标，13个地市由高到低依次排序，排名第一赋值13分、排名第二赋值12分、排名第三赋值11分、排名第四赋值10分、排名第五赋值9分、排名第六赋值8分、排名第七赋值7分、排名第八赋值6分、排名第九赋值5分、排名第十赋值4分、排名第十一赋值3分、排名第十二赋值2分、排名第十三赋值1分。每个地市5个二级指标得分相加，计算出该地市生态文明建设公众参与情况的总分。最后，按照得分高低情况，计算出各地市的排名顺序。

二、各地市生态文明建设公众参与情况二级指标对比分析

(一)各地市居民生态文明相关知识了解情况对比分析(图5-79)

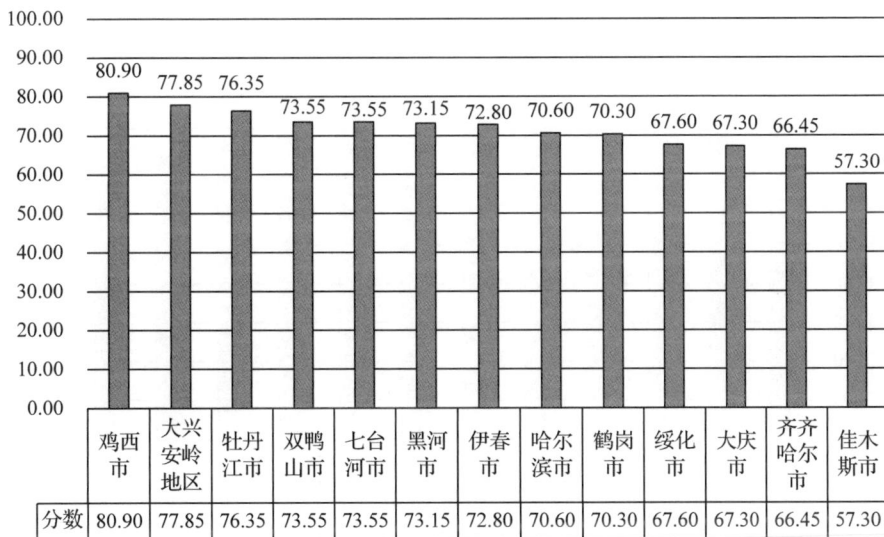

	鸡西市	大兴安岭地区	牡丹江市	双鸭山市	七台河市	黑河市	伊春市	哈尔滨市	鹤岗市	绥化市	大庆市	齐齐哈尔市	佳木斯市
分数	80.90	77.85	76.35	73.55	73.55	73.15	72.80	70.60	70.30	67.60	67.30	66.45	57.30

图 5-79 各地市居民生态文明相关知识了解情况对比

（二）各地市居民生态文明习惯养成情况对比分析（图5-80）

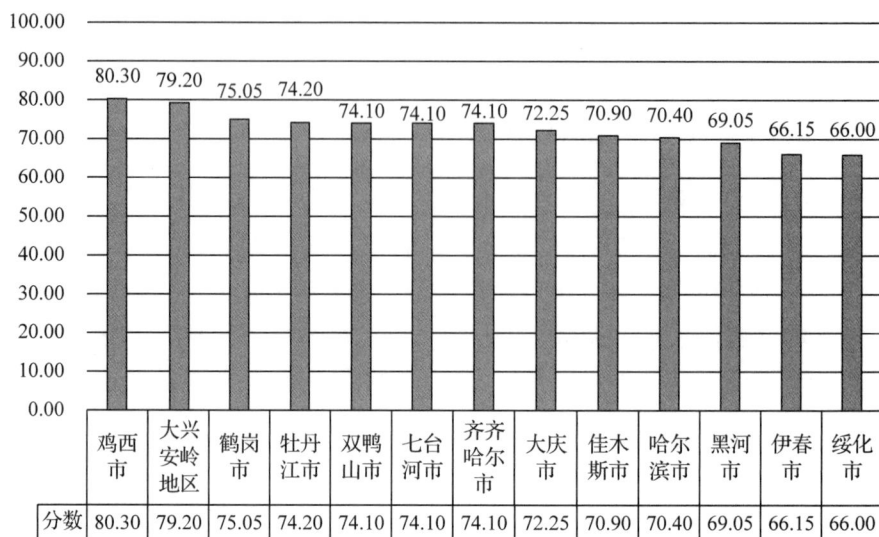

分数	鸡西市	大兴安岭地区	鹤岗市	牡丹江市	双鸭山市	七台河市	齐齐哈尔市	大庆市	佳木斯市	哈尔滨市	黑河市	伊春市	绥化市
分数	80.30	79.20	75.05	74.20	74.10	74.10	74.10	72.25	70.90	70.40	69.05	66.15	66.00

图5-80 各地市居民生态文明习惯养成情况对比

（三）各地市居民对参与生态文明建设的态度对比分析（图5-81）

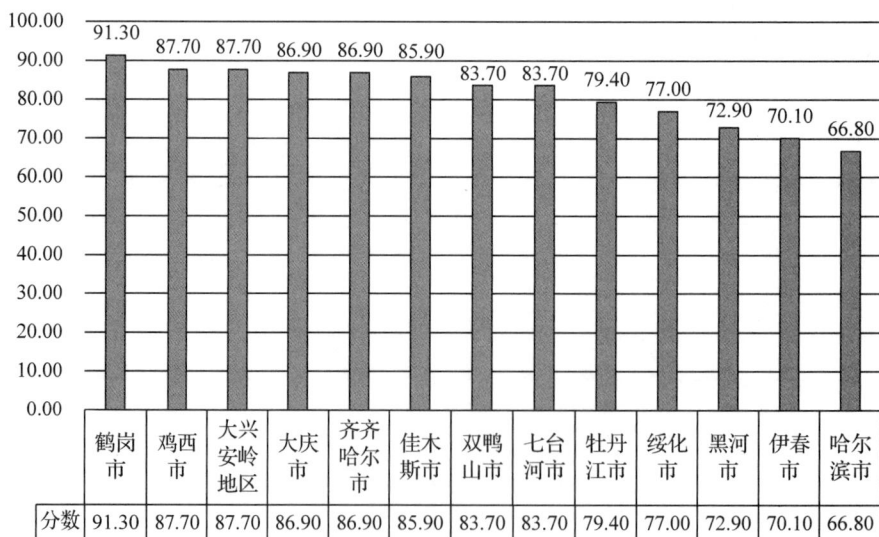

分数	鹤岗市	鸡西市	大兴安岭地区	大庆市	齐齐哈尔市	佳木斯市	双鸭山市	七台河市	牡丹江市	绥化市	黑河市	伊春市	哈尔滨市
分数	91.30	87.70	87.70	86.90	86.90	85.90	83.70	83.70	79.40	77.00	72.90	70.10	66.80

图5-81 各地市居民对参与生态文明建设的态度对比

(四)各地市居民生态文明宣传教育参与度对比分析(图5-82)

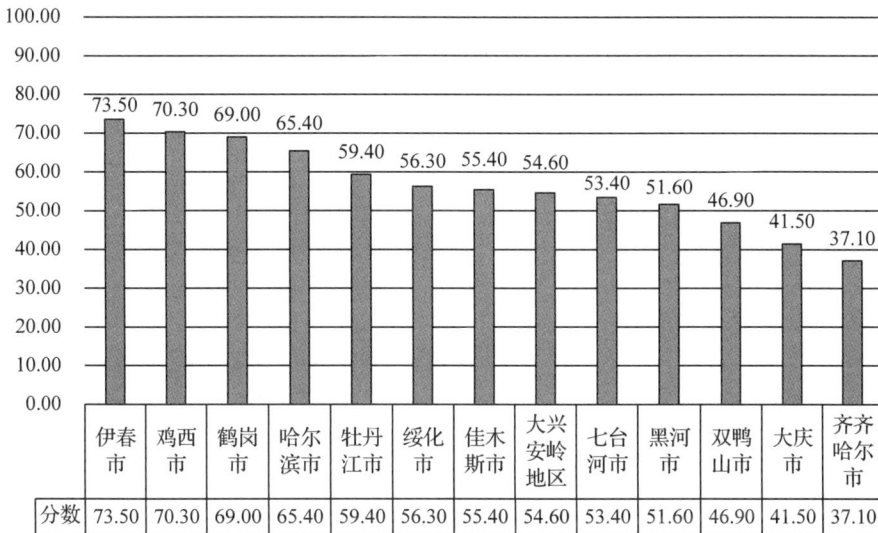

	伊春市	鸡西市	鹤岗市	哈尔滨市	牡丹江市	绥化市	佳木斯市	大兴安岭地区	七台河市	黑河市	双鸭山市	大庆市	齐齐哈尔市
分数	73.50	70.30	69.00	65.40	59.40	56.30	55.40	54.60	53.40	51.60	46.90	41.50	37.10

图5-82　各地市居民生态文明宣传教育参与度对比

(五)各地市居民环境保护与监督的参与度对比分析(图5-83)

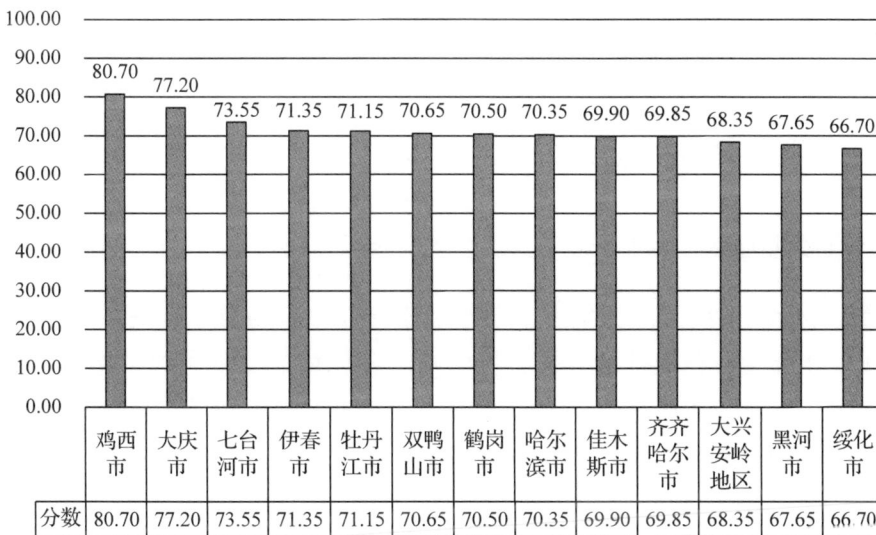

	鸡西市	大庆市	七台河市	伊春市	牡丹江市	双鸭山市	鹤岗市	哈尔滨市	佳木斯市	齐齐哈尔市	大兴安岭地区	黑河市	绥化市
分数	80.70	77.20	73.55	71.35	71.15	70.65	70.50	70.35	69.90	69.85	68.35	67.65	66.70

图5-83　各地市居民环境保护与监督的参与度对比

三、各地市生态文明建设公众参与情况最终排名(表5-1)

表5-1　各地市生态文明建设公众参与情况排名

排名	地市	得分(满分为65)	十分制得分
1	鸡西	62	9.54
2	鹤岗	51	7.85
2	大兴安岭	48	7.38
4	牡丹江	44	6.77
5	伊春	37	5.69
6	七台河	36	5.54
7	双鸭山	32	4.92
8	哈尔滨	31	4.77
9	佳木斯	28	4.31
10	绥化	25	3.85
11	大庆	23	3.54
11	齐齐哈尔	23	3.54
13	黑河	22	3.38

第四节　公众参与生态文明建设情况及改进措施

一、公共参与生态文明建设情况

(一)多地市公众参与生态文明建设意识普遍增强

意识是行动的向导。在生态文明建设中，公众参与意识的高低，不仅决定着实践中公众参与积极性的强弱，更影响着我国生态文明建设的进程和效果。2018年度，黑龙江省居民选择"非常愿意"参与生态文明建设的比例分别为哈尔滨35.85%，齐齐哈尔23.00%，牡丹江45.51%，佳木斯31.00%，七台河23.63%，大庆15.50%，黑河25.00%，绥化46.50%，伊春55.50%，鹤岗34.16%，双鸭山7.43%，鸡西29.72%，大兴安岭59.49%。2019年度，该项调查结果为，哈尔滨22.50%，齐齐哈尔52.00%，牡丹江29.50%，佳木斯43.00%，七台河41.50%，大庆51.50%，黑河28.50%，绥化42.50%，伊春34.00%，鹤岗60.00%，双鸭山41.50%，鸡西55.50%，大兴安岭87.70%。很显然，与2018年度相比，2019年度齐齐哈尔、佳木斯、七台河、大庆、黑河、鹤岗、双鸭山、鸡西、大兴安岭9个地市居民参与生态文明建设参与意识大幅增长。然而，从总体情况来看，黑龙江省居民参与生态文明建设的主体意识和责任意识仍然较低，只有鹤岗、大兴安岭2个地市比例达到或超过了60.00%。少数公众意识尚存在明显偏差，认为生态文明建设只是政府的任务和职责，与个人无关。

（二）多地市公众生态文明知识掌握情况小幅提升

生态科学与生态文明知识的掌握情况直接影响着公众参与生态文明建设的能力。2018年度，黑龙江省居民准确掌握植树节、"地球一小时"活动、《新环保法》、垃圾分类方法等生态文明相关知识的情况分别为哈尔滨8.96%，齐齐哈尔17.75%，牡丹江31.46%，佳木斯9.75%，七台河17.86%，大庆16.75%，黑河19.87%，绥化22.25%，伊春23.00%，鹤岗23.51%，双鸭山9.65%，鸡西21.23%，大兴安岭40.09%。2019年度，该项调研结果为，哈尔滨22.75%，齐齐哈尔18.75%，牡丹江27.25%，佳木斯12.50%，七台河22.50%，大庆22.50%，黑河32.25%，绥化28.00%，伊春30.75%，鹤岗26.75%，双鸭山22.50%，鸡西38.75%，大兴安岭27.75%。很明显，与2018年度相比，2019年度除牡丹江、大兴安岭2个地市外，各地市均有小幅提升。但是，从总体情况来看，黑龙江省公众对生态文明相关知识的了解还很欠缺，情况最好的鸡西市比例也不及40%，仍有少数公众完全不了解"地球一小时"、垃圾分类等生态文明相关知识。

（三）各地市公众参与生态文明宣传教育情况整体偏低

现阶段，黑龙江省公众参与生态文明建设的形式仍以宣传倡议为主，如政府组织的听证会、座谈会、摄影展、文艺演出、知识讲座以及社区组织的签写倡议书、张贴宣传标语、观看展示板、填写调查问卷、评选先进家庭等。在2019年的调研中，明确表示参与过上述生态文明建设宣传活动的情况为，哈尔滨20.50%，齐齐哈尔5.50%，牡丹江16.50%，佳木斯19.00%，七台河9.50%，大庆9.50%，黑河8.00%，绥化7.00%，伊春40.00%，鹤岗17.00%，双鸭山8.00%，鸡西23.00%，大兴安岭19.50%。毫无疑问，宣传倡议活动对传播生态文明基础知识、开展生态文明建设活动，落实生态文明体制改革政策等方面有着不可替代的作用。然而，公众参与生态文明宣传教育比例普遍偏低的情况，与上述宣传教育形式较为枯燥、刻板，难以调动公众参与的积极性主动性，有着直接的关联。

(四)各地市公众参与生态文明建设效果波动较大

公众参与生态文明建设的情况关系着日常生活的生态文明养成情况。2018年度，黑龙江省居民生态文明养成情况"很好"的比例分别为哈尔滨48.16%，齐齐哈尔24.00%，牡丹江24.16%，佳木斯33.50%，七台河14.29%，大庆28.75%，黑河17.41%，绥化33.00%，伊春27.50%，鹤岗21.26%，双鸭山16.09%，鸡西33.26%，大兴安岭44.00%。2019年度，该项调研结果为，哈尔滨25.50%，齐齐哈尔24.50%，牡丹江31.75%，佳木斯16.75%，七台河30.25%，大庆24.75%，黑河22.00%，绥化19.50%，伊春27.00%，鹤岗34.00%，双鸭山30.25%，鸡西35.75%，大兴安岭24.75%。与2018年度相比，2019年度齐齐哈尔、牡丹江、七台河、黑河、鹤岗、双鸭山、鸡西7个地市公众参与生态文明建设效果涨幅明显，而哈尔滨、佳木斯、大庆、绥化、伊春、大兴安岭6个地市不同程度下降。总体来看，黑龙江省居民生态文明养成情况提升空间仍然较大，公众参与生态文明建设的效果仍需增强。

二、改进措施

(一)强化生态文明建设的宣传教育

宣传教育是提升公众生态文明知识的掌握情况、增强公众生态文明建设参与意识和推进公众参与生态文明建设的途径。生态文明宣传教育应面向全省居民，形成覆盖各层级、各行业、各领域的教育网络，努力培养具有崇高生态道德、完备生态知识、强化生态意识、自觉生态行为，勇担生态责任，依法维护生态权利的"生态公民"。

(二)创新生态文明建设的参与方式

实现公众生态文明建设的有效参与，创新参与方式是关键。公众参与方式主要有提(议)案式、咨询调研式、信访式、活动式、媒体式、窗口式等。人大代表、政协委员要根据公众生态文明建设的意见提出相应议案；各行业、各领域的专家、学者要积极参与听证会、座谈会，表达诉求咨政建言；政府要借助微博、微信、抖音等新兴媒体及时向社会公布信息，搭建政民互动的网络平台，听取意见，收集建议。此外，要积极探索其他参与方式，从根本上扭转公众被动参与的局面。

(三)汇聚生态文明建设多元主体的合力

生态文明建设不是党委和政府的"独角戏"，而是在党的领导下，政府、社会组织、公民共建共享的格局。生态文明建设必须激发各主体合力，充分发挥各级党委的领导核心作用，强化各级政府的主体责任，增强社会多元主体参与生态文明建设的能力和活力。生态文明建设中，社会各方主体不是管理与被管理、控制与被控制的关系，而是平等协商、协同合作、互动互补的关系。生态文明建设，归根到底在于不断满足人民日益增长的美好生活需要，保障人民共享生态文明建设的成果。

第六章
各地市生态文明建设公众满意度

为了解黑龙江省生态文明建设公众满意度，项目组通过实地考察、入户访谈、发放和收集调查问卷等方式对黑龙江省各地市进行了生态文明建设公众满意度的调研。生态文明建设公众满意度调研综合反映了公众对本地区生态环境各方面情况以及生态文明建设情况的评价，重点调查居民对本地区空气质量、水质量和生活环境改善等问题的评价，同时了解居民对政府生态文明建设工作的整体满意度等情况。

生态文明建设公众满意度调查结果能够客观真实反映各地市居民对生态文明建设成效的获得感，方便查找生态环境领域存在的问题和短板，为各地市、各部门改进工作、推进生态文明建设提供参考依据。

经过对实地调研结果进行的科学研究，主要通过以下两个层面对黑龙江省13个地市的生态文明建设公众满意度进行分析和比对。

一是分别对黑龙江省13个地市的二级指标进行整理分析，以图表和曲线图的形式展示。

二是对黑龙江省13个地市的生态文明建设公众满意度进行比对分析，以图表和柱形图的形式展示。

第一节　指标统计方法及分析

一、指标统计方法

生态文明建设公众满意度在本次生态文明建设评价目标体系中目标类分值是10，为了更科学全面地反映黑龙江省各地市生态文明建设公众满意度的情况，生态文明建设公众满意度的调研设置了4个二级指标，指标内容和权数情况是：

居民对空气质量的满意度（权数2）；

居民对水质量的满意度(权数 2);

居民对本地生活环境改善的满意度(权数 3);

居民对政府生态文明建设工作的满意度(权数 3)。

在对 4 个二级指标进行调研的过程中,采取抽样调查的方法,共设计了 23 道题目支撑 4 个二级指标,每道题目的选项分为 5 个等级,分别是很满意、满意、一般、不满意和很不满。为了对 23 道题目进行科学的分析和统计,每道题目所、设置了相应的权数。

(一)第 1 个二级指标的内容、权数和计算方法

第 1 个二级指标居民对空气质量的满意度,共设置了 3 道题目,内容和权数分别是:

对空气总体质量的满意度(权数 1);

对雾霾情况的满意度(权数 0.5);

对空气负氧离子含量的满意度(权数 0.5)。

计算方法是对调查题目的选项进行赋权,每道题目根据赋权比例获得最后的分数,然后进行相加,就是第 1 个二级指标满意度的结果。

比如:居民对空气质量满意度共 5 个等级,其中很满意的百分比例=(对空气总体质量的满意度百分比+对雾霾情况的满意度×0.5+对空气负氧离子含量的满意度×0.5)/2。

(二)第 2 个二级指标的内容、权数和计算方法

第 2 个二级指标居民对水质量的满意度,共设置了 3 道题目,内容和权数分别是:

对水总体质量的满意度(权数 1);

对江河湖泊水质量的满意度(权数 0.5);

对饮用水安全的满意度(权数 0.5)。

计算方法是对调查题目的选项进行赋权,每道题目根据赋权比例获得最后的分数,然后进行相加,就是第 1 个二级指标满意度的结果。

比如:居民对水质量满意度共 5 个等级,其中很满意的百分比例=(对水总体质量的满意度百分比+对江河湖泊水质量的满意度×0.5+对饮用水安全的满意度×0.5)/2。

(三)第 3 个二级指标的内容、权数和计算方法

第 3 个二级指标居民对本地生活环境改善的满意度,共设置了 9 道题目,内

容和权数分别是：

对食品安全总体的满意度(权数0.5)；

对粮食绿色品质的满意度(权数0.25)；

对蔬菜绿色品质的满意度(权数0.25)；

对垃圾处理的满意度(权数0.5)；

对工业污染处理的满意度(权数0.5)；

对市容市貌(村容村貌)的满意度(权数0.25)；

对噪声处理的满意度(权数0.25)；

对城市绿化(乡村绿化)的满意度(权数0.25)；

对本地区生态环境不断改善的满意度(权数0.25)。

计算方法是对调查题目的选项进行赋权，每道题目根据赋权比例获得最后的分数，然后进行相加，就是第1个二级指标满意度的结果。

比如：居民对本地生活环境改善的满意度共5个等级，其中很满意的百分比例=[对食品安全总体的满意度×0.5+对粮食绿色品质的满意度×0.25+对蔬菜绿色品质的满意度×0.25+对垃圾处理的满意度×0.5+对工业污染处理的满意度×0.5+对市容市貌(村容村貌)的满意度×0.25+对噪声处理的满意度×0.25+对城市绿化(乡村绿化)的满意度×0.25+对本地区生态环境不断改善的满意度×0.25)]/3。

(四)第4个二级指标的内容、权数和计算方法

第4个二级指标对政府生态文明建设工作的满意度，共设置了8道题目，内容和权数分别是：

对自然景观的满意度(权数0.25)；

对人文景观的满意度(权数0.25)；

对交通环保的满意度(权数0.25)；

对便民环保设施的满意度(权数0.25)；

对政府生态文明建设理念的满意度(权数0.50)；

对生政府态文明建设举措的满意度(权数0.50)；

对政府生态文明建设周期(长或短)的满意度(权数0.50)；

对政府生态文明建设成效的满意度(权数0.50)。

计算方法是对调查题目的选项进行赋权，每道题目根据赋权比例获得最后的分数，然后进行相加，就是第1个二级指标满意度的结果。

比如：居民对政府生态文明建设工作的满意度共5个等级，其中很满意的百分比例=[对自然景观的满意度×0.25+对人文景观的满意度×0.25+对交通环保的满意度×0.25+对便民环保设施的满意度×0.25+对政府生态文明建设理念的满

意度×0.5+对政府生态文明建设举措的满意度×0.5+对政府生态文明建设周期（长或短）的满意度×0.5+对政府生态文明建设成效的满意度×0.5）]/3。

二、各地市生态文明建设公众满意度二级指标分析结果

（一）哈尔滨市生态文明建设公众满意度二级指标单项分析结果

1. 哈尔滨市居民对本地空气质量的满意度

哈尔滨市居民对本地空气质量满意度占比在30%左右。大多数居民都表达了对哈尔滨市冬天雾霾情况的不满意，认为雾霾严重，急需整治处理。具体情况如图6-1所示：

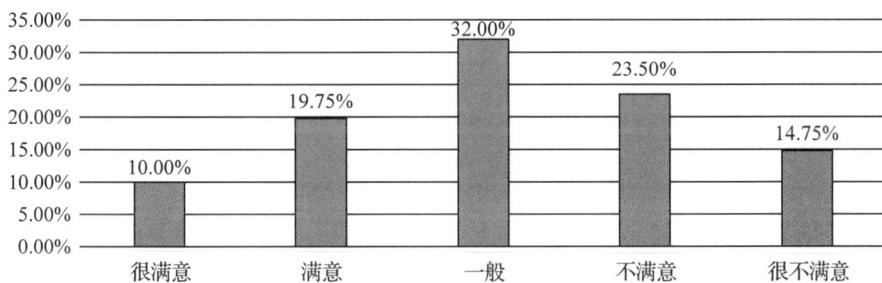

图6-1 哈尔滨市居民对本地空气质量的满意度

2. 哈尔滨市居民对本地水质量满意度

哈尔滨市居民对本地水质量的满意度与不满意度总体持平，满意以上的占比在42%，一般占比在25%左右，不满意以下的占到23%左右。在实地调研中，询问本市居民对水的总体质量的满意程度时，很多居民表示水质仍有需要改善的地方。具体情况如图6-2所示：

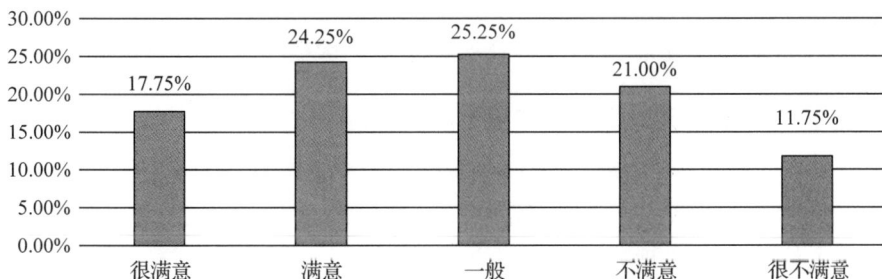

图6-2 哈尔滨市居民对本地水质量的满意度

3. 哈尔滨市居民对本地生活环境改善的满意度

哈尔滨市居民对本地生活环境改善的总体满意度是比较高的，满意度占比达到53.50%，不满意度占比在20%左右。不满意的原因最主要的是涉及垃圾分

类处理的问题。具体情况如图 6-3 所示：

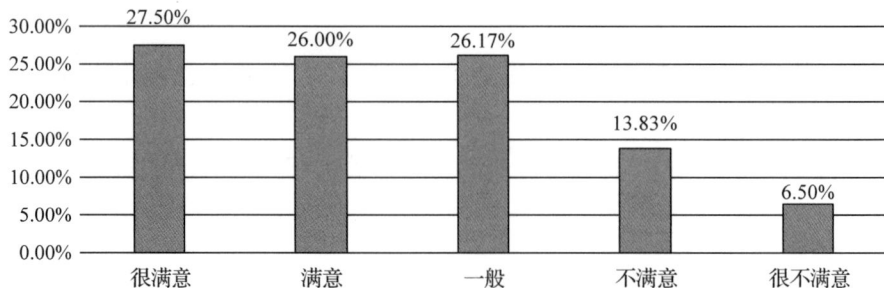

图 6-3 哈尔滨市居民对本地生活环境改善的满意度

4. 哈尔滨市居民对本地政府生态文明建设工作的满意度

哈尔滨市居民对本地政府生态文明建设工作的总体满意度较高，60%左右的哈尔滨市居民对本地政府生态文明建设理念和生态文明建设举措持肯定态度。大部分市民对本地的人文景观、自然景观都较为满意，认为环保设施配备有待提高，希望本地政府在生态文明建设方面的投入力度能进一步加强。具体情况如图 6-4 所示：

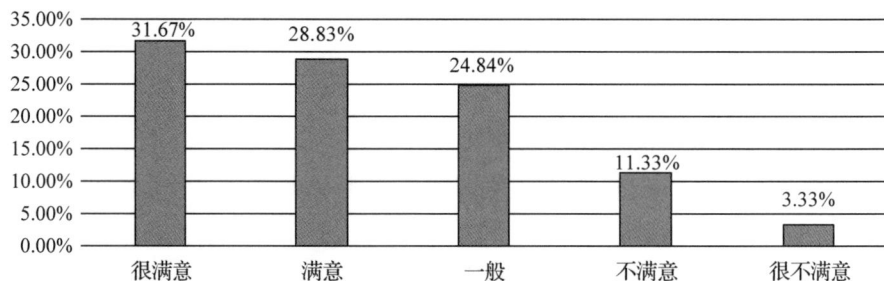

图 6-4 哈尔滨市居民对本地政府生态文明建设工作的满意度

(二)齐齐哈尔市生态文明建设公众满意度二级指标单项分析结果

1. 齐齐哈尔市居民对本地空气质量的满意度

齐齐哈尔市居民对本地空气质量的总体情况是比较满意的，满意度占比在50%左右。当地居民认为齐齐哈尔市空气总体质量较好，但也有部分居民认为空气质量不太好，希望本地政府能够采取积极措施，改善当地空气质量。具体情况如图 6-5 所示：

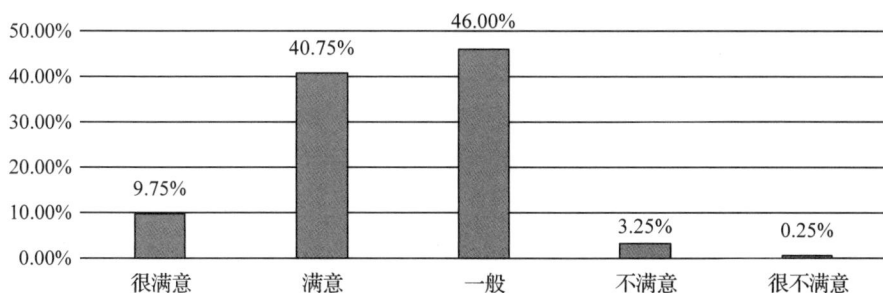

图 6-5　齐齐哈尔市居民对本地空气质量的满意度

2. 齐齐哈尔市居民对本地水质量满意度

齐齐哈尔市居民对本地水质量的满意度在一般水平的占比是最高的，占比在45%左右。在实地调研的过程中，居民对本地区水的总体质量的认同不是特别高，尤其是对本地区的饮用水安全满意度是较低的，大部分持有一般的态度。具体情况如图6-6所示：

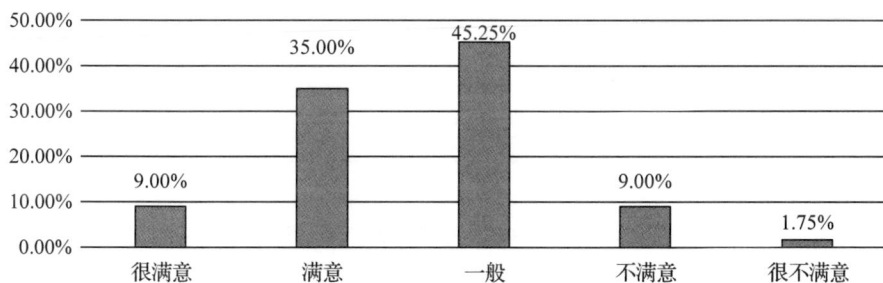

图 6-6　齐齐哈尔市居民对本地水质量满意度

3. 齐齐哈尔市居民对本地生活环境改善的满意度

齐齐哈尔市居民对本地生活环境改善的满意度不高，持一般态度的占比达到47%左右。当地居民对本地区城市绿化(乡村绿化)的满意度整体上来说相对较好，认为食品安全、垃圾分类处理，工业污染处理等问题急需解决。但是，居民对本地区环境状况的发展前景是抱有很大的希望和信心的。具体情况如图6-7所示：

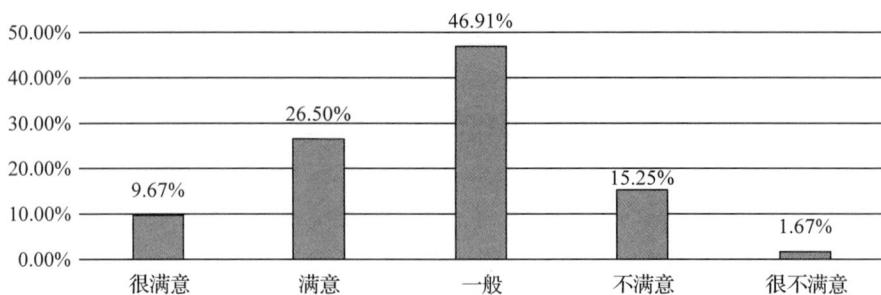

图 6-7　齐齐哈尔市居民对本地生活环境改善的满意度

4. 齐齐哈尔市居民对本地政府生态文明建设工作的满意度

齐齐哈尔市居民对本地政府生态文明建设工作的整体满意度不高,持有一般态度的比例占 48% 左右。当地居民对自然景观、人文景观、交通噪声处理、交通设施等方面的满意度普遍较低,希望政府能加强对这些方面问题的重视,并给予有效解决,给居民提供良好的生存生活及工作环境。具体情况如图 6-8 所示:

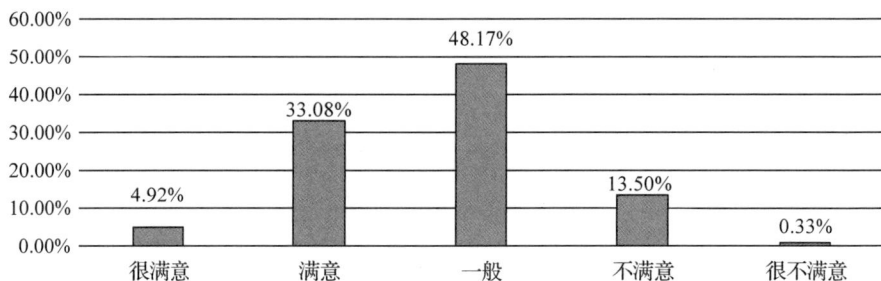

图 6-8　齐齐哈尔市居民对本地政府生态文明建设工作的满意度

(三)牡丹江市生态文明建设公众满意度二级指标单项分析结果

1. 牡丹江市居民对本地空气质量的满意度

牡丹江市居民对本地空气质量的总体满意度不高,持一般态度的占比在 52% 左右。很多居民认为空气质量有待加强,希望当地政府对空气治理力度能提升,并出台相应政策,减少汽车尾气的排放等,具体情况如图 6-9 所示:

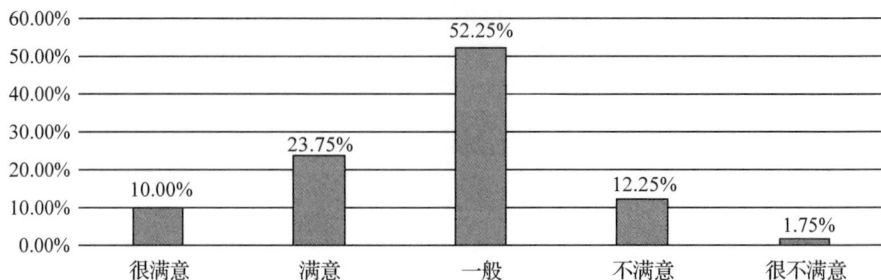

图 6-9　牡丹江市居民对本地空气质量的满意度

2. 牡丹江市居民对本地水质量满意度

牡丹江市居民对本地水质量的满意度总体较好，持满意态度的占比在48.50%。大多数居民都认为牡丹江市的水质量基本没有问题，能保证居民基本的饮用要求，江河湖泊水质也相对较好。具体情况如图 6-10 所示：

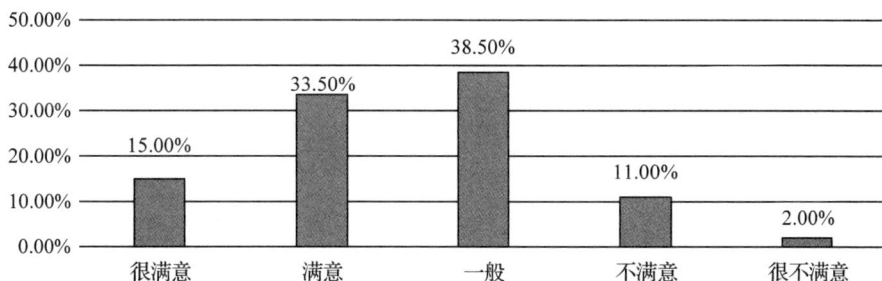

图 6-10 牡丹江市居民对本地水质量满意度

3. 牡丹江市居民对本地生活环境改善的满意度

牡丹江市居民对本地生态环境改善的情况总体的认可度一般，持一般态度的占比达到43%左右。很多居民认为垃圾分类处理和环境污染问题需要及时解决，政府应加大垃圾处理范围，普及垃圾分类知识，共建绿水青山。具体情况如图 6-11 所示：

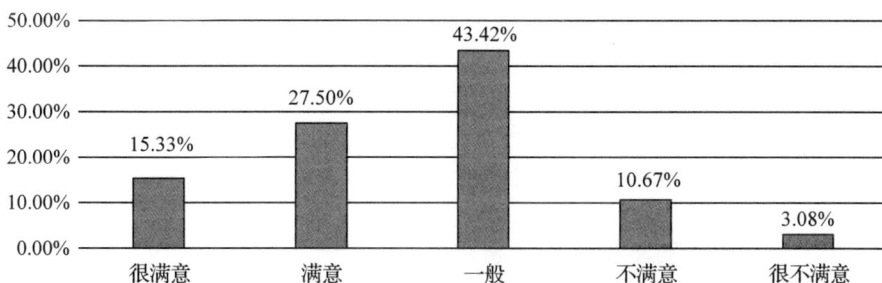

图 6-11 牡丹江市居民对本地生活环境改善的满意度

4. 牡丹江市居民对政府生态文明建设工作的满意度

牡丹江市居民对政府生态文明建设工作是比较认可的，满意度占比在50%左右。牡丹江居民对政府在自然景观，人文景观方面的建设工作是非常肯定的。但很多居民仍认为政府需加强生态文明建设力度，让更多的居民达到满意的态度。具体情况如图 6-12 所示：

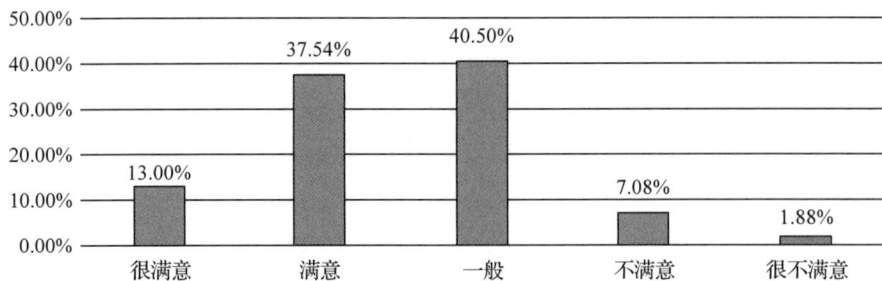

图 6-12　牡丹江市居民对本地政府生态文明建设工作的满意度

(四)佳木斯市生态文明建设公众满意度二级指标单项分析结果

1. 佳木斯市居民对本地空气质量的满意度

佳木斯居民对本市的空气质量的满意度持中间态度，中间大，两头小，其中认为一般的占比在 60% 左右。在实地走访过程中，大多数居民认为本地的雾霾天气不是很多，但空气质量仍有待提升。具体情况如图 6-13 所示：

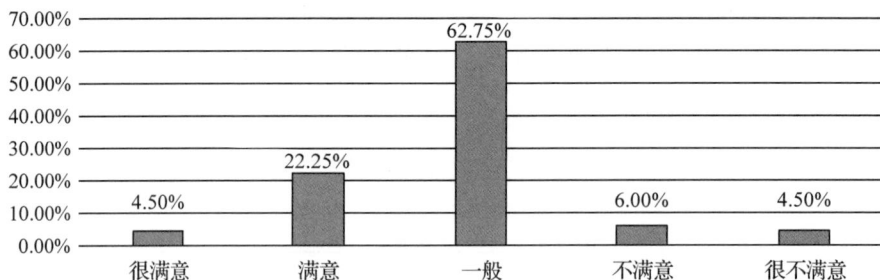

图 6-13　佳木斯市居民对本地空气质量的满意度

2. 佳木斯市居民对本地水质量满意度

调查结果显示，佳木斯市居民对本地水质量满意度为 23.5%，大多数居民对本市的水质量持一般态度，占比在 47%。经实地考察发现，居民表示应该加强江河湖泊的治理，提升水质量。具体情况如图 6-14 所示：

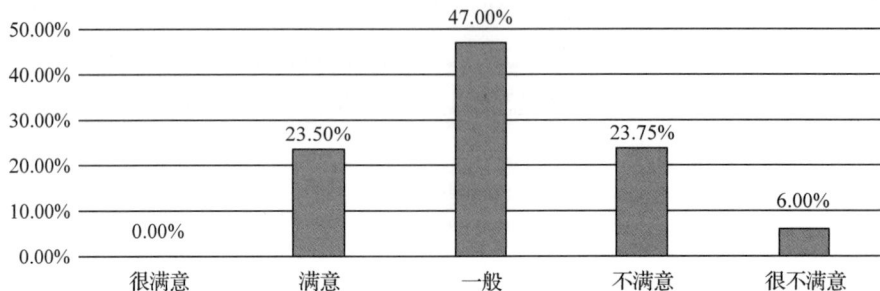

图 6-14　佳木斯市居民对本地水质量满意度

3. 佳木斯市居民对本地生活环境改善的满意度

佳木斯市居民对本地生活环境改善的满意度在 30% 左右，居民表示本地区没有垃圾分类，对垃圾处理的满意度不是特别高。对本地区工业污染处理、市容市貌（村容村貌），大部分居民认为一般。具体情况如图 6-15 所示：

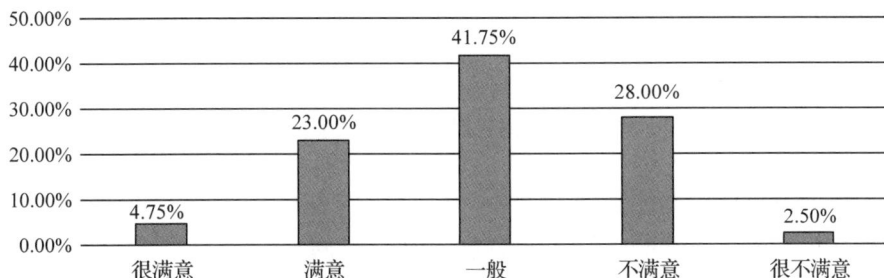

图 6-15　佳木斯市居民对本地生活环境改善的满意度

4. 佳木斯市居民对政府生态文明建设工作的满意度

佳木斯市居民对本地政府生态文明建设工作满意度持一般态度，认为政府在生态文明建设的理念和举措方面，还有很多地方需要提升和加强。具体情况如图 6-16 所示：

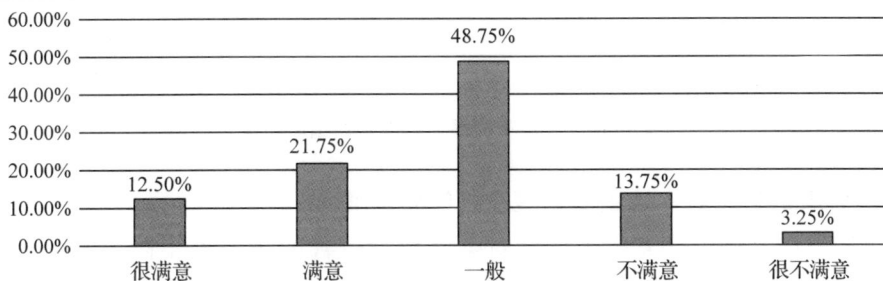

图 6-16　佳木斯市居民对政府生态文明建设工作的满意度

（五）大庆市生态文明建设公众满意度二级指标单项分析结果

1. 大庆市居民对本地空气质量的满意度

调查结果显示，大庆市居民对本地空气总体质量满意度持中，持一般态度的占比在 50% 左右。大多数居民认为雾霾天气不多，空气清新，但期待空气质量能再提升一个高度。具体情况如图 6-17 所示：

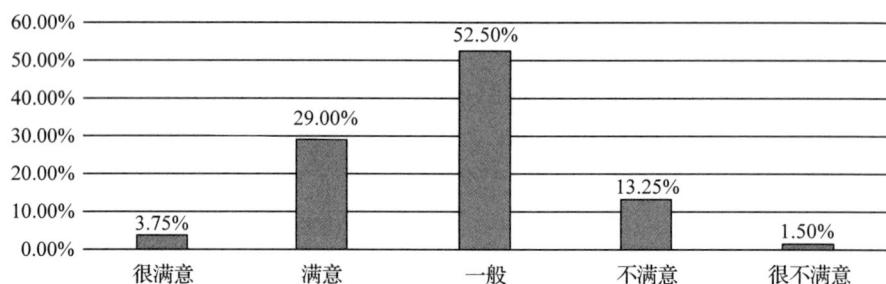

图 6-17　大庆市居民对本地空气质量的满意度

2. 大庆市居民对水质量满意度

大庆市居民对本地水质量的满意度不高，很满意占比只有 2.75%。大多数居民持中间态度。认为在水资源保护、水质改善、饮用水安全方面还需要进一步加强。具体情况如图 6-18 所示：

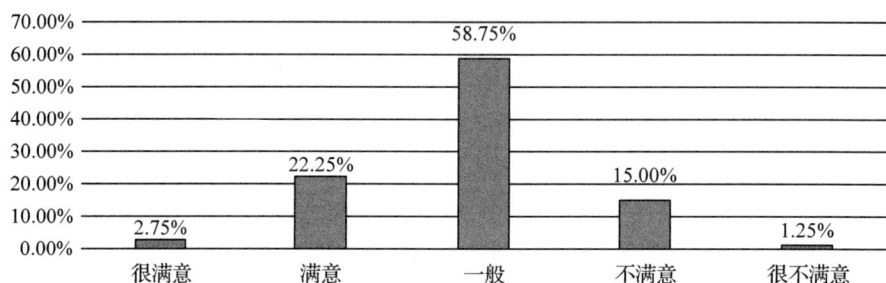

图 6-18　大庆市居民对本地水质量满意度

3. 大庆市居民对本地生活环境改善的满意度

据调查结果显示，大庆市居民对生活环境改善的满意度不高，一半左右的居民持中间态度。其中，居民对粮食安全、垃圾处理、环保设施的配置等方面，希望当地政府能给予高度重视，并能采取具体的措施。具体情况如图 6-19 所示：

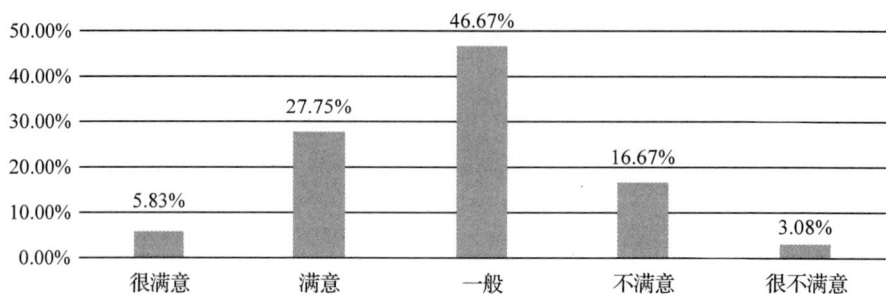

图 6-19　大庆市居民对本地生活环境改善的满意度

4. 大庆市居民对政府生态文明建设工作的满意度

调查结果显示，大庆市居民对政府生态文明建设工作的满意率不高，一半居民持一般态度。居民对当自然景观、人文景观、交通噪声处理、交通设施等方面的满意度普遍较低，希望政府应当加强对这些方面问题的重视。具体情况如图 6-20 所示：

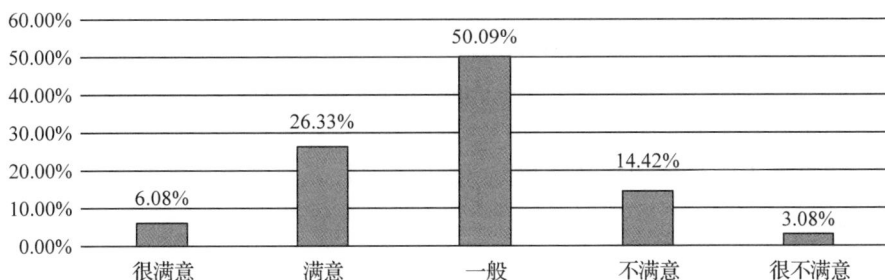

图 6-20 大庆市居民对政府生态文明建设工作的满意度

(六)鸡西市生态文明建设公众满意度二级指标单项分析结果

1. 鸡西市居民对本地空气质量的满意度

根据数据显示，在空气质量方面，鸡西市居民的满意度占比在 39%，持中间态度的占比在 52%，不满意占比在 9%。不满意度占比较低，但有很多居民认为，本市的空气质量仍然有待提升。具体情况如图 6-21 所示：

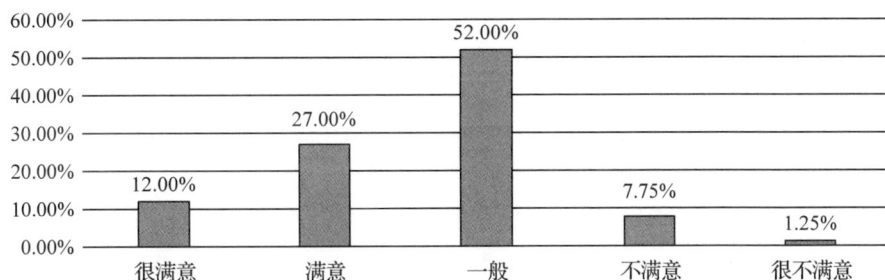

图 6-21 鸡西市居民对本地空气质量的满意度

2. 鸡西市居民对本地水质量满意度

在水质满意度方面，鸡西市居民总体满意度较高，满意度占比在 45% 左右，不满意占比仅 7.50%。在走访过程中，居民指出饮用水的水源由穆棱河改为兴凯湖，水源质量有了大幅度提升，水质量能够保障引用安全。具体情况如图 6-22 所示：

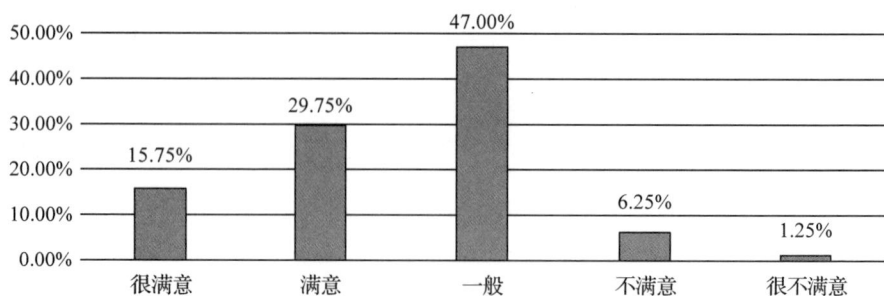

图 6-22　鸡西市居民对本地水质量满意度

3. 鸡西市居民对本地生活环境改善的满意度

数据显示，鸡西市居民对本地生活环境改善的满意度较好。其中满意度占比在 45% 左右，不满意占比在 12% 左右。鸡西市政府通过推进垃圾分类政策，迁除市区重度污染企业，整改棚户区等措施，使当地生态环境有了很大改善，获得了当地居民的极大认同。具体情况如图 6-23 所示：

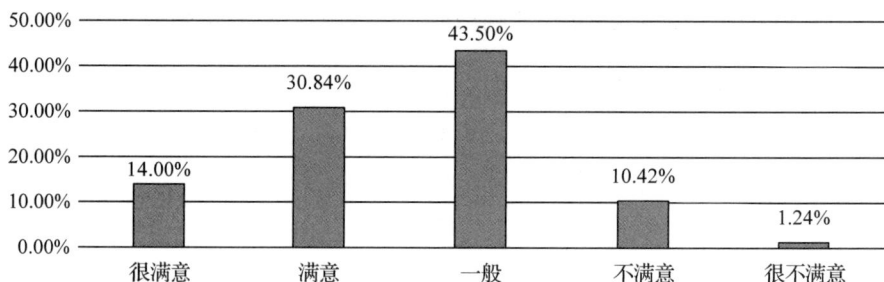

图 6-23　鸡西市居民对本地生活环境改善的满意度

4. 鸡西市居民对政府生态文明建设工作的满意度

数据显示，鸡西市居民对政府生态文明建设工作是比较满意的，满意度占比在 47%。鸡西市居民对当地政府生态文明建设各个方面工作都给予了较高的评价，但也有较多需要完善的地方。具体情况如图 6-24 所示：

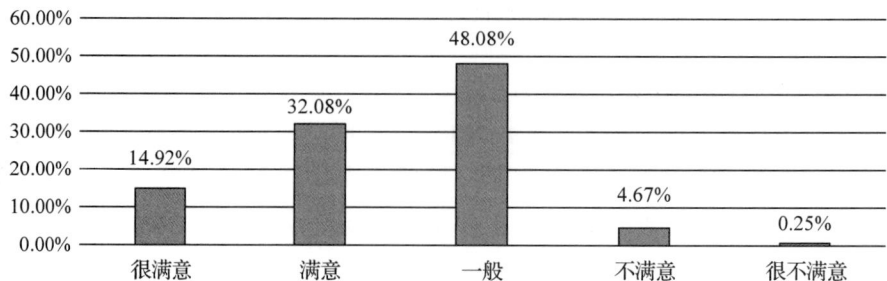

图 6-24　鸡西市居民对政府生态文明建设工作的满意度

(七)双鸭山市生态文明建设公众满意度二级指标单项分析结果

1. 双鸭山市居民对本地空气质量的满意度

数据显示，双鸭山市居民对本地空气质量的满意度占比在37%左右。总体满意度不高，实地调研过程中，居民反映当然空气质量十分不理想，在当地的钢铁企业附近居住的居民，晚上会闻到硫磺燃烧的味道，看到在工业烟尘排放的烟囱口处有浓烟冒出，对环境的污染很大。具体情况如图6-25所示：

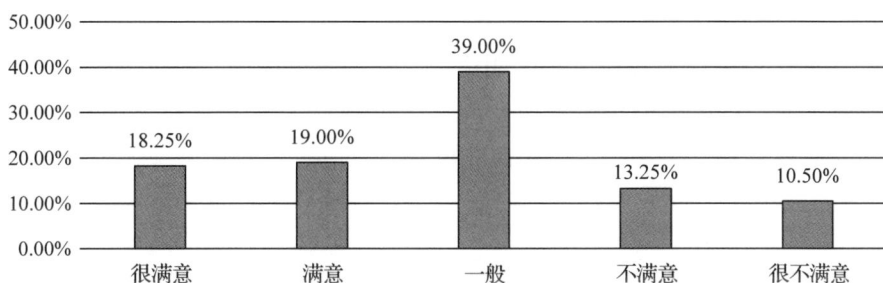

图 6-25 双鸭山市居民对本地空气质量的满意度

2. 双鸭山市居民对本地水质量满意度

数据显示，双鸭山市居民对本地水质量的满意度持中间态度，认为一般的占比在55.50%。实地调研中，居民反映日常的饮用水中会有大量的杂质和沉淀，水龙头中流出来的水有浓重的铁锈味。具体情况如图6-26所示：

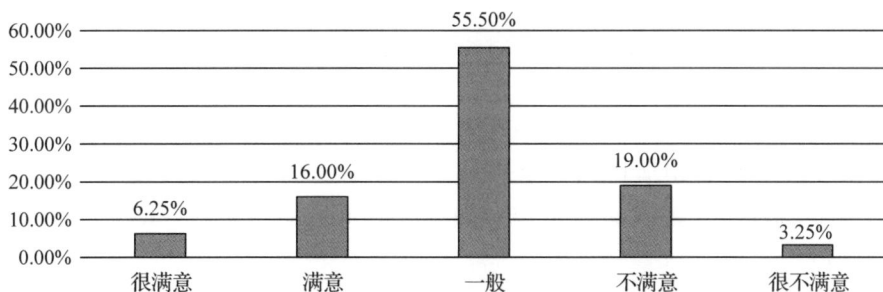

图 6-26 双鸭山市居民对本地水质量满意度

3. 双鸭山市居民对本地生活环境改善的满意度

数据显示，双鸭山市居民对本地生活环境改善的满意度不高，持中间态度的占比在42%左右，而且不满意度占比高于满意度的占比。具体情况如图6-27所示：

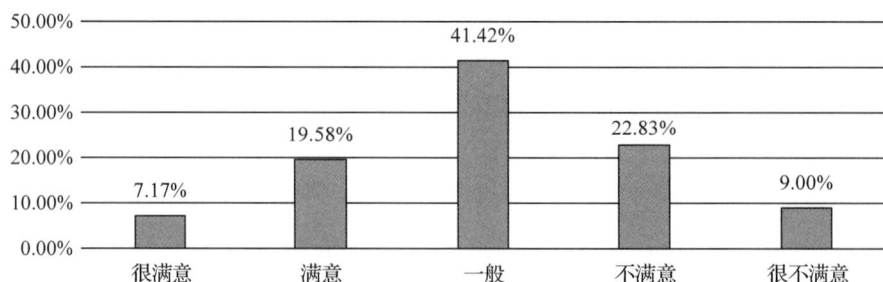

图 6-27　双鸭山市居民对本地生活环境改善的满意度

4. 双鸭山市居民对政府生态文明建设工作的满意度

数据显示，双鸭山市居民对政府生态文明建设工作的满意度不高，满意度占比仅有 27% 左右，大多数人持中间态度和否定态度。具体情况如图 6-28 所示：

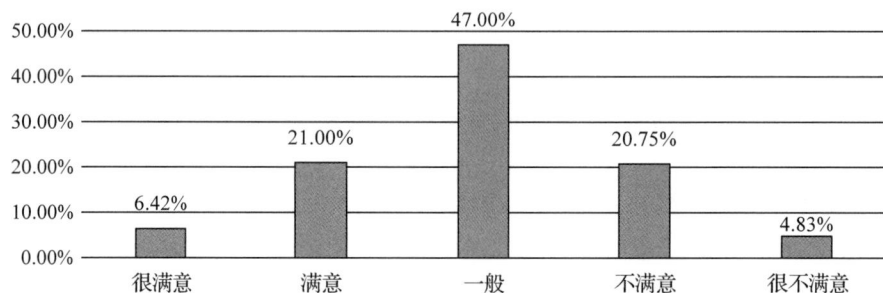

图 6-28　双鸭山市居民对政府生态文明建设工作的满意度

(八)伊春市生态文明建设公众满意度二级指标单项分析结果

1. 伊春市居民对本地空气质量的满意度

数据显示，伊春市居民对于本市空气总体质量的满意度是比较高的，满意度占比在 60% 左右。绝大多数市民认为伊春的空气质量是较好的。具体情况如图 6-29 所示：

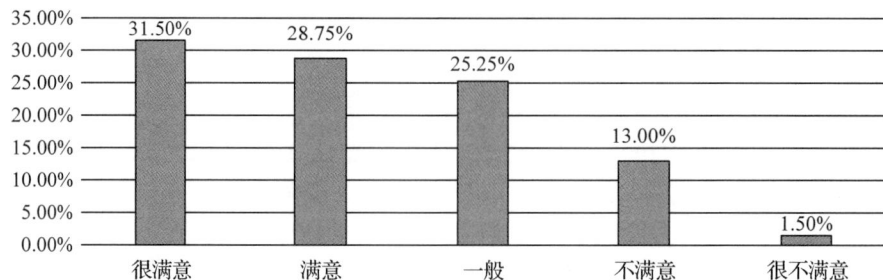

图 6-29　伊春市居民对本地空气质量的满意度

2. 伊春市居民对本地水质量满意度

调查结果显示，伊春市居民对水质量的满意度较高，满意度占比在55%左右，超过一半以上，当地居民对饮用水的水质比较认可。具体情况如图6-30所示：

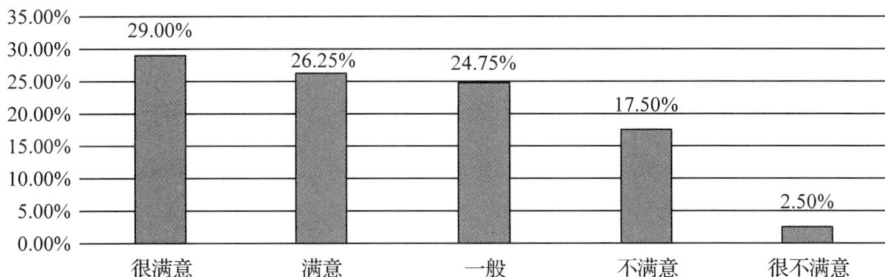

图6-30 伊春市居民对本地水质量满意度

3. 伊春市居民对本地生活环境改善的满意度

数据显示，伊春市居民对本地生活环境改善的满意度较高，达到了56%左右，认为伊春市的整体环境较好，具体情况如图6-31所示：

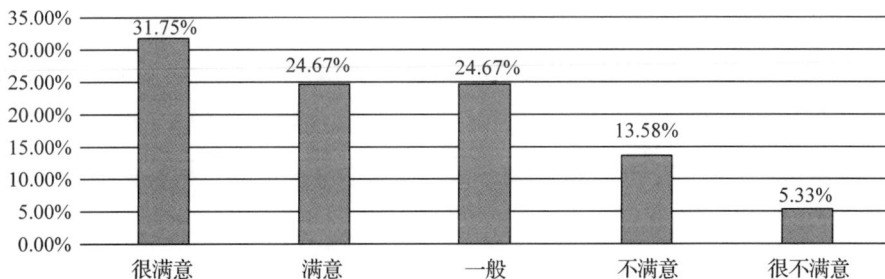

图6-31 伊春市居民对本地生活环境改善的满意度

4. 伊春市居民对政府生态文明建设工作的满意度

数据显示，伊春市居民地政府生态文明建设工作满意度非常高，占比在56.5%，伊春市居民对政府生态文明建设取得的成效表示满意，认为伊春市政府十分重视生态文明建设。具体情况如图6-32所示：

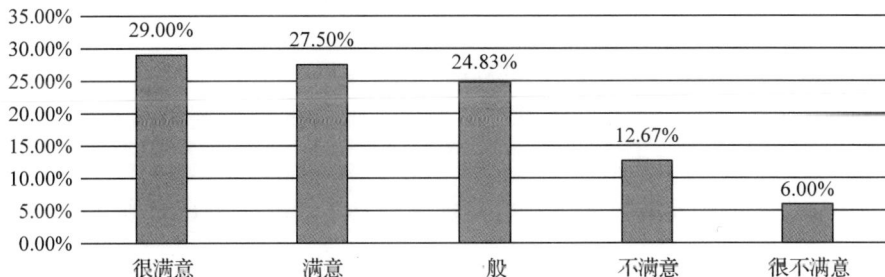

图6-32 伊春市居民对政府生态文明建设工作的满意度

(九)七台河市生态文明建设公众满意度二级指标单项分析结果

1. 七台河市居民对本地空气质量的满意度

七台河市居民对本地空气质量的满意度数据显示，七台河市居民对本地空气质量持中间态度，认为一般的占比在46%，接近一半左右。具体情况如图6-33所示：

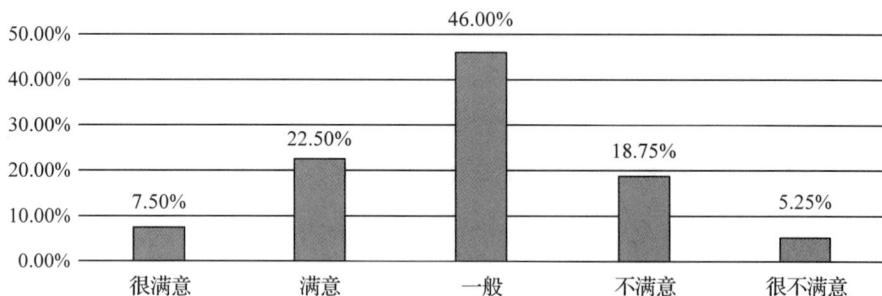

图6-33 七台河市居民对本地空气质量的满意度

2. 七台河市居民对本地水质量满意度

七台河市居民对于本市水体质量的满意程度呈现出中间大，两头小的状态，大多数居民持中间态度，占比约在40%。在实地调研过程中，一些居民表示引用水的质量有问题，用水库水的地区会闻到自来水有股难闻的气味。具体情况如图6-34所示：

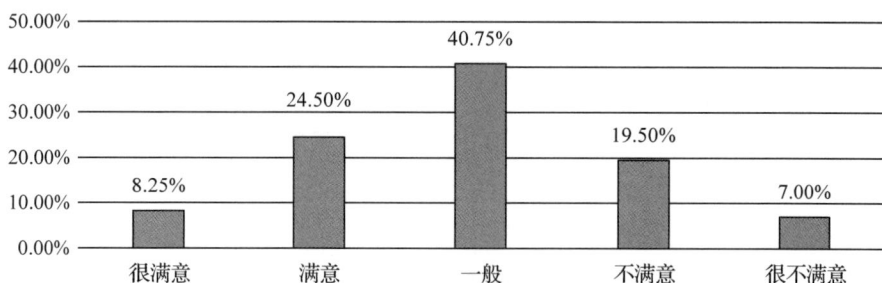

图6-34 七台河市居民对本地水质量满意度

3. 七台河市居民对本地生活环境改善的满意度

通过调查显示，七台河市居民对本地生活改善的满意度相对较好，满意度占比在43%，居民对本市的市容市貌、噪声处理是比较满意的，对垃圾处理，便民的环保设施的配备等方面表示有待加强。具体情况如图6-35所示：

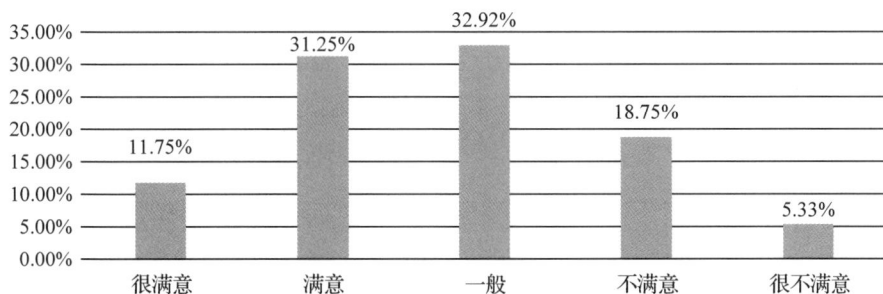

图 6-35　七台河市居民对本地生活环境改善的满意度

4. 七台河市居民对政府生态文明建设工作的满意度

数据显示，七台河市居民对政府生态文明建设工作总体是满意的，满意度占比在 46% 左右，只有 13% 左右的居民表示满意和很不满意。在实地调研个过程中，居民认为七台河政府对生态文明建设是非常重视的，而且也取得了一些成绩。具体情况如图 6-36 所示：

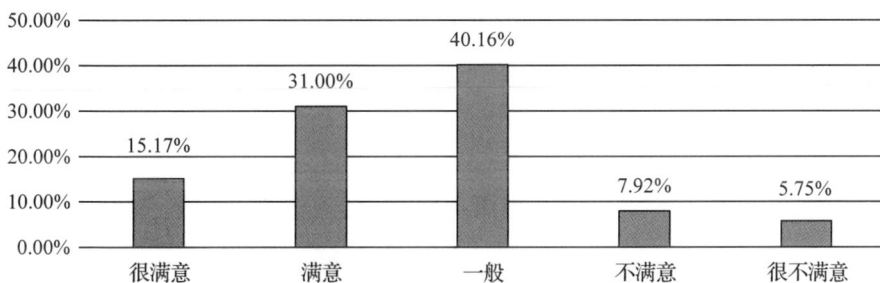

图 6-36　七台河市居民对政府生态文明建设工作的满意度

（十）鹤岗市生态文明建设公众满意度二级指标单项分析结果

1. 鹤岗市居民对空气质量的满意度

数据显示，鹤岗市城市居民对城市空气质量总体满意度不高，持中间态度的占比在 50% 左右，同时很不满意的数据为 0。具体情况如图 6-37 所示：

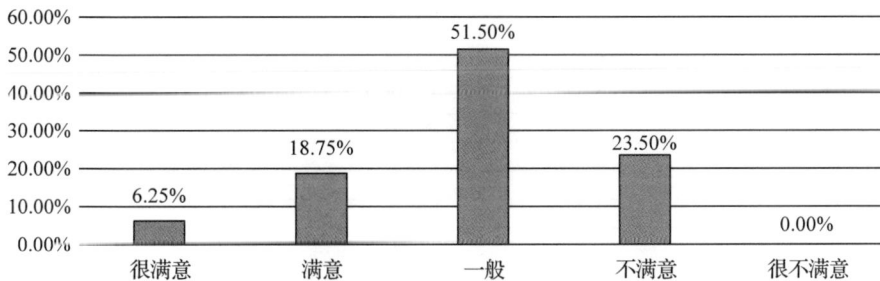

图 6-37　鹤岗市居民对本地空气质量的满意度

2. 鹤岗市居民对本地水质量满意度

鹤岗市居民对于本地水质量的满意度不高，尤其是对于江河湖泊治理表示不满意。总体满意度占比不到20%。具体情况如图6-38所示：

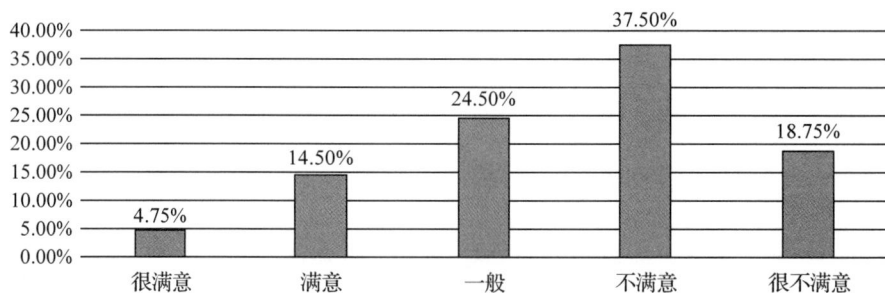

图 6-38　鹤岗市居民对本地水质量满意度

3. 鹤岗市居民对本地生活环境改善的满意度

数据显示，鹤岗市居民对本地生活环境改善的满意度不高，大多数持一般态度，占比在47%左右。具体情况如图6-39所示：

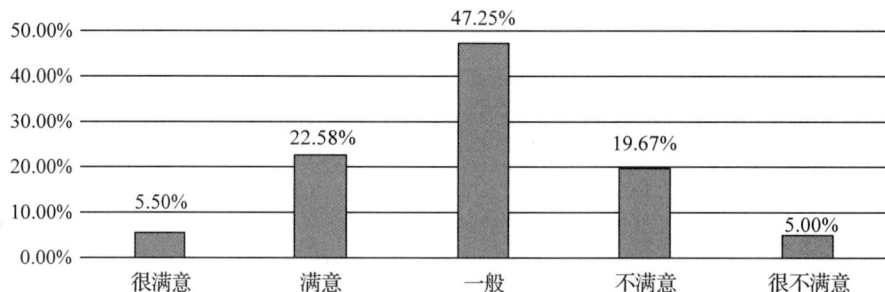

图 6-39　鹤岗市居民对本地生活环境改善的满意度

4. 鹤岗市居民对政府生态文明建设工作的整体满意度

数据显示，鹤岗市居民对政府生态文明建设工作是比较满意的，满意度占比接近50%，只有15%左右的人表示不满意。具体情况如图6-40所示：

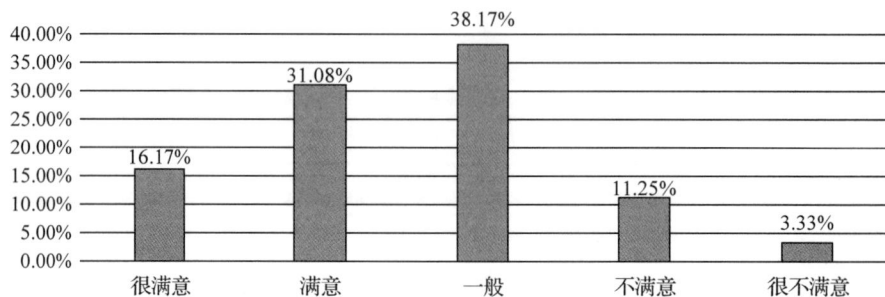

图 6-40　鹤岗市居民对政府生态文明建设工作的满意度

(十一)黑河市生态文明建设公众满意度二级指标单项分析结果

1. 黑河市居民对本地空气质量的满意度

调查结果显示，黑河市居民对于空气质量总体满意度分布情况，满意度占比在 38% 左右，不满意度占比在 30% 左右。具体情况如图 6-41 所示：

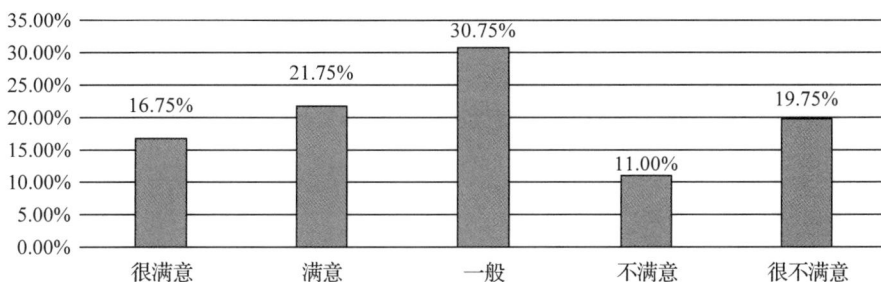

图 6-41 黑河市居民对本地空气质量的满意度

2. 黑河市居民对本地水质量满意度

数据显示，黑河市居民对本地水质量是比较满意的，满意度占比在 67% 左右，满意度达到了整体的 2/3。只有少数人表示不满意。具体情况如图 6-42 所示：

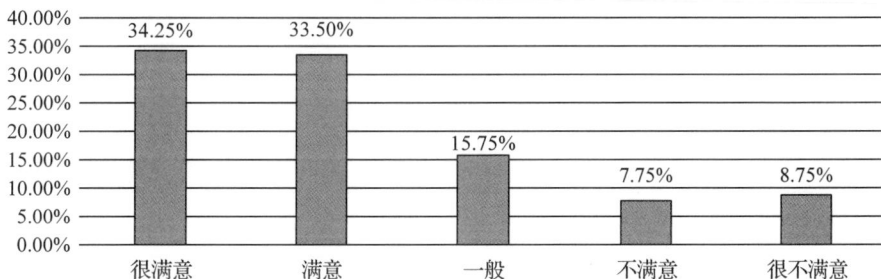

图 6-42 黑河市居民对本地水质量满意度

3. 黑河市居民对本地生活环境改善的满意度

数据显示，黑河市居民对本地生活环境非常满意，满意度占比在 60% 左右。只有 7.5% 的居民表示不满意，黑河市居民认为生活环境整体有很大改善。具体情况如图 6-43 所示：

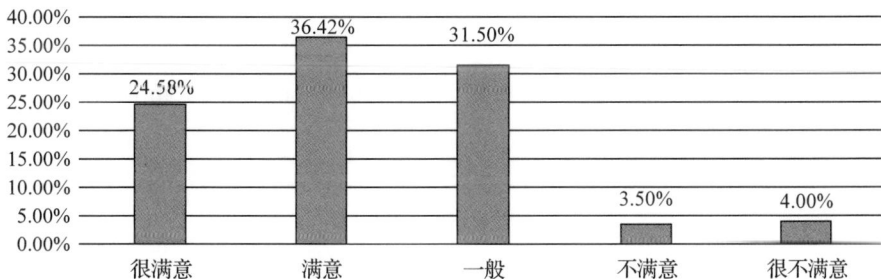

图 6-43 黑河市居民对本地生活环境改善的满意度

4. 黑河市居民对政府生态文明建设工作的满意度

数据显示，黑河市居民对政府的生态文明建设的满意度比较好，对政府的生态文明建设理念和举措都比较满意。不满意的比例不到1%。说明黑河市政府生态文明建设工作比较成功，并取得了比较好的成绩。具体情况如图6-44所示：

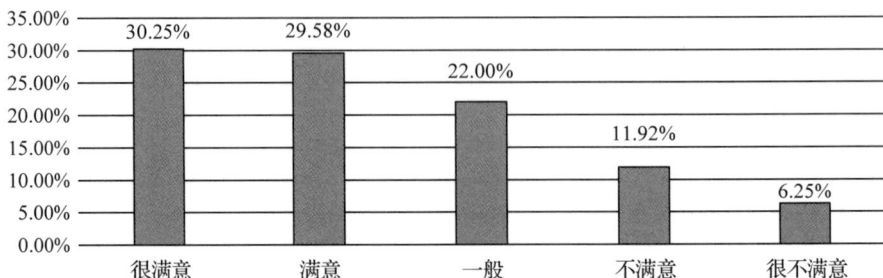

图 6-44 黑河市居民对政府生态文明建设工作的满意度

(十二) 绥化市生态文明建设公众满意度二级指标单项分析结果

1. 绥化市居民对本地空气质量的满意度

数据显示，绥化市居民对本地空气质量总体是比较满意，满意度占50%左右。由于冬季供暖的原因，会有一些雾霾天气，居民希望政府能给予解决。具体情况如图6-45所示：

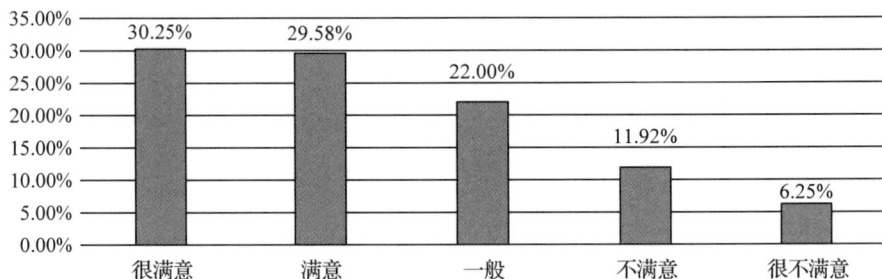

图 6-45 绥化市居民对本地空气质量的满意度

2. 绥化市居民对本地水质量满意度

调查结果显示，绥化市居民对本地水质量是比较满意的，满意度在50%左右。大多数居民表示，饮用水质量较好。认为具体情况如图6-46所示：

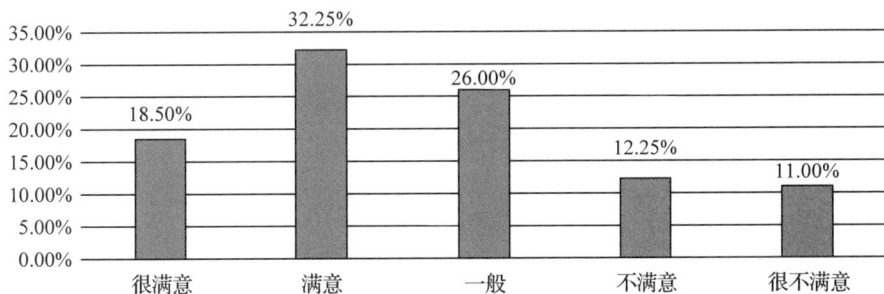

图 6-46　绥化市居民对本地水质量满意度

3. 绥化市居民对本地生活环境改善的满意度

数据显示，绥化市居民对本地生活环境改善是比较认可的，满意度占比在45%左右。大多数居民认为生活环境是有改善的。具体情况如图 6-47 所示：

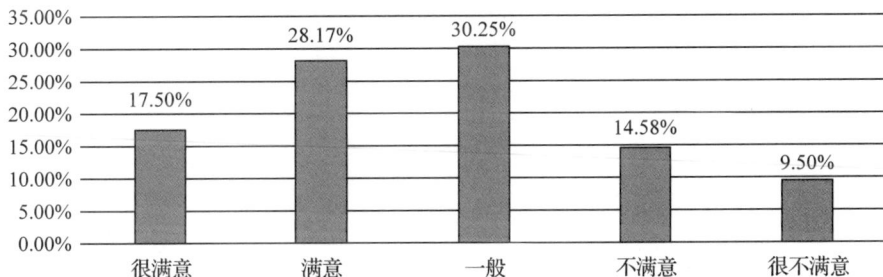

图 6-47　绥化市居民对本地生活环境改善的满意度

4. 绥化市居民对政府生态文明建设工作的满意度

数据显示，绥化市居民对本地政府生态文明建设工作，总体较为满意。但很多居民也表示，希望本地政府能够加大生态文明建设工作的力度。具体情况如图 6-48 所示：

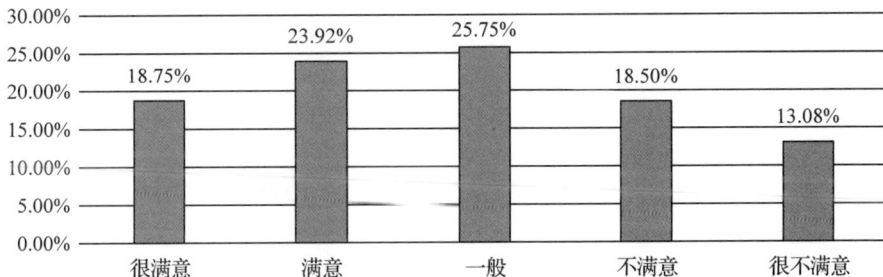

图 6-48　绥化市居民对政府生态文明建设工作的满意度

(十三)大兴安岭地区生态文明建设公众满意度二级指标单项分析结果

1. 大兴安岭地区居民对本地空气质量的满意度

数据显示,大兴安岭地区居民对本地区的空气质量非常满意,满意度占比达到80%,只有不到10%的居民表示不满意。具体情况如图6-49所示:

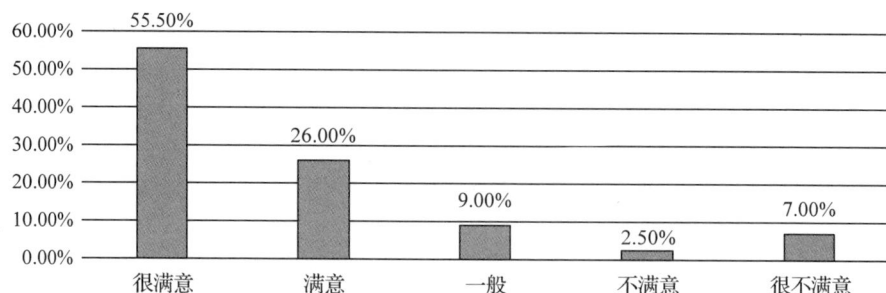

图6-49 大兴安岭地区居民对本地空气质量的满意度

2. 大兴安岭地区居民对本地水质量满意度

数据显示,大兴安岭地区居民对本地水质量总体满意度比较高,只有不到5%的居民表示不满意。具体情况如图6-50所示:

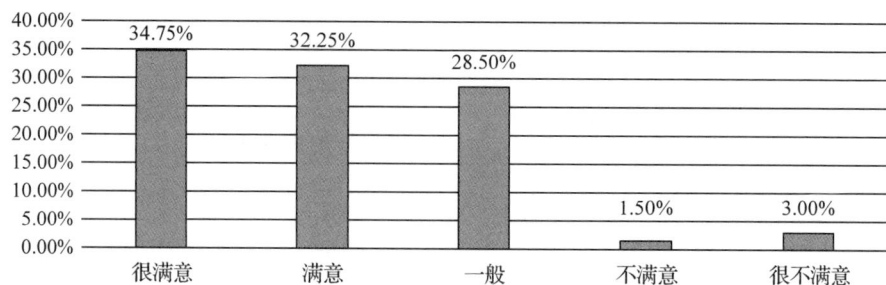

图6-50 大兴安岭地区居民对本地水质量满意度

3. 大兴安岭地区居民对本地生活环境改善的满意度

数据显示,大兴安岭地区居民对本地生活环境改善的满意度比较高。大兴安岭地区,植被较多,生态环境较好。居民表示希望能够增加一些便民环保设施。具体情况如图6-51所示:

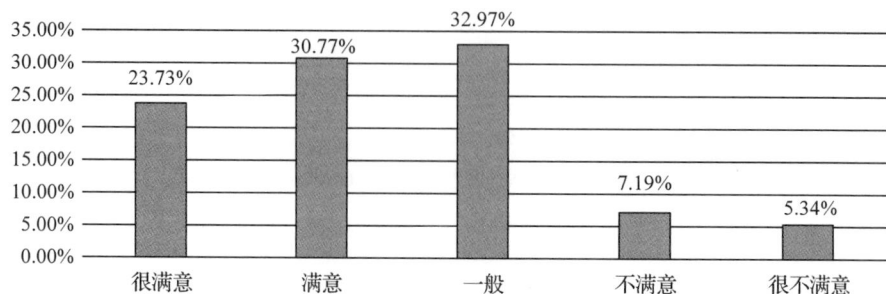

图6-51 大兴安岭地区居民对本地生活环境改善的满意度

4. 大兴安岭地区居民对政府生态文明建设工作的满意度

数据显示，大兴安岭地区居民对政府生态文明建设工作是表示认可的，满意度占比在60%左右，只有8%左右的居民表示不满意。具体情况如图6-52所示：

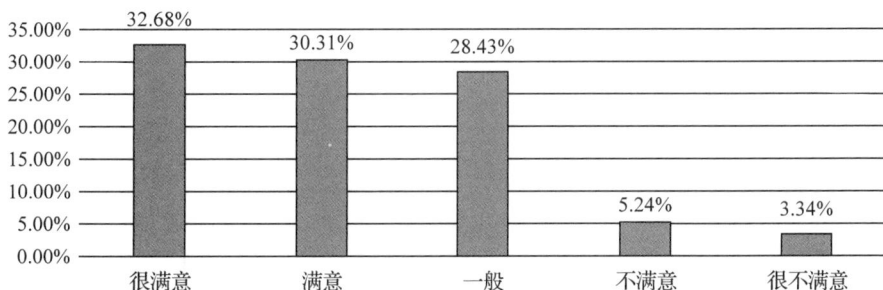

图6-52 大兴安岭地区居民对政府生态文明建设工作的满意度

第二节 指标总体统计分析及结果

一、各地市生态文明建设公众满意度统计方法

生态文明建设公众满意度设置了4个二级指标，指标内容和权数情况是：

居民对空气质量的满意度（权数2）；

居民对水质量满意度（权数2）；

居民对本地生活环境改善的满意度（权数3）；

居民对政府生态文明建设工作的满意度（权数3）。

计算方法是根据每个二级指标的赋权数，获得最后的分数，然后进行相加，就是各地市生态文明建设公众满度的结果。

比如：生态文明建设公众满意度共5个等级，其中很满意的百分比例＝居民对空气质量的满意度×0.2+居民对水质量满意度×0.2+居民对本地生活环境改善的满意度×0.3+居民对政府生态文明建设工作的满意度×0.3。

二、各地市生态文明建设公众满意度分析结果

(一)哈尔滨市生态文明建设公众满意度总体分析结果

根据二级指标的权重和分析数据，总结出了哈尔滨市生态文明建设公众满意度的总体分析结果。结果显示哈尔滨市居民对本地的生态文明建设情况，总体是比较满意的，满意度占比在48%左右，不满意度占比在24%左右。哈尔滨

市居民对本地的饮用水安全、人文景观、自然景观都较为满意，认为垃圾处理和环保设施配备，有待解决。很多居民都表达了对哈尔滨市冬天雾霾情况的不满，认为雾霾严重，急需整治处理，希望政府能够加大力度进行整治。具体情况如图 6-53 所示：

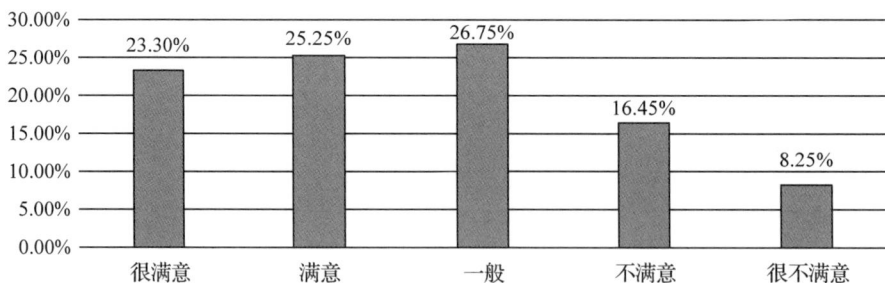

图 6-53　哈尔滨市生态文明建设公众满意度总体分析结果

(二)齐齐哈尔市生态文明建设公众满意度总体分析结果

对二级指标进行赋权计算，得到的数据显示，齐齐哈尔市生态文明建设公众满意度总体分析结果是持中，认为一般的占比在 47%左右。问题主要集中在饮用水安全、食品安全、垃圾分类处理、环保设施配备等方面。居民表示，希望政府能加大生态文明建设的投入力度，为居民提供良好的生存生活及工作环境。具体情况如图 6-54 所示：

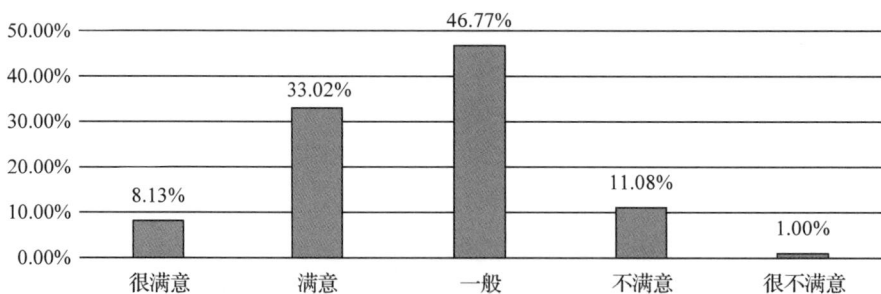

图 6-54　齐齐哈尔市生态文明建设公众满意度总体分析结果

(三)牡丹江市生态文明建设公众满意度总体分析结果

统计结果显示，居民对牡丹江市生态文明建设工作总体是比较认可的，满意度占比在 44%左右，不满意占比只有 12%左右。对于饮用水安全、食品安全、自然景观，人文景观等，大多是居民是比较满意的。居民认为本市的空气质量有待加强，希望政府能出台相应政策，减少汽车尾气的排放等，同时希望加大垃圾处理范围，普及垃圾分类知识，共建绿水青山。具体情况如图 6-55 所示：

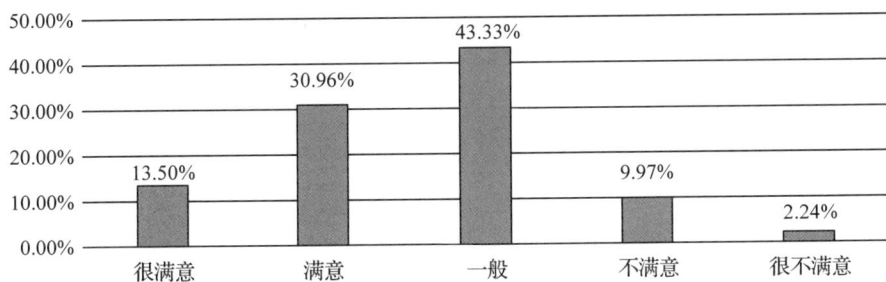

图 6-55 牡丹江市生态文明建设公众满意度总体分析结果

(四)佳木斯市生态文明建设公众满意度总体分析结果

统计结果显示,佳木斯市生态文明建设公众满意度呈现出中间大,两头小的分布状态,其中认为一般的占比在 50%左右。问题主要集中体现在,居民对本地江河湖泊的水质、垃圾处理、市容市貌(村容村貌)不是特别满意。认为政府在生态文明建设的理念和举措方面,还有很多地方需要提升和加强。具体情况如图 6-56 所示:

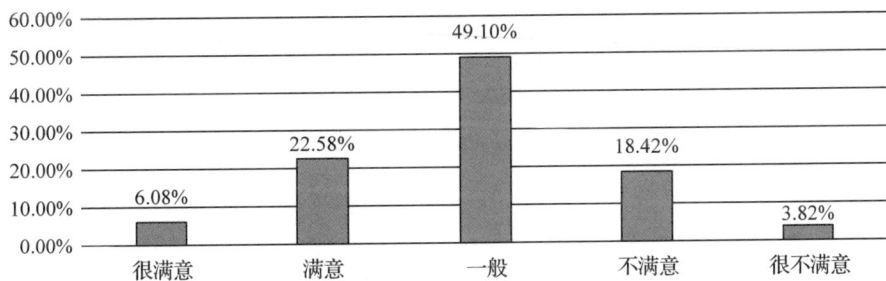

图 6-56 佳木斯市生态文明建设公众满意度总体分析结果

(五)大庆市生态文明建设公众满意度总体分析结果

统计结果显示,大庆市居民对本地的生态文明建设的满意度是持中的,持一般态度的占比在 50%左右。居民对水资源保护、粮食安全、垃圾处理、环保设施地配置、自然景观、人文景观等方面,希望当地政府能给予高度重视,并能采取具体的措施。具体情况如图 6-57 所示:

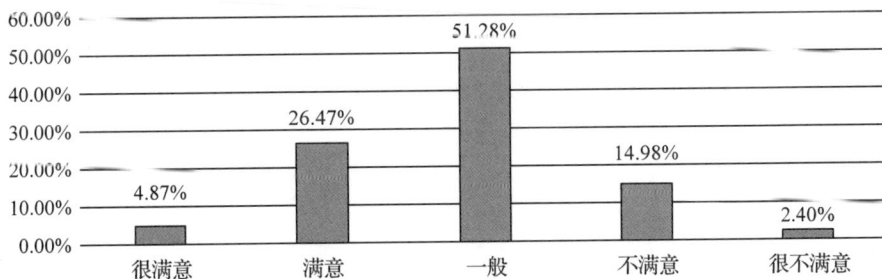

图 6-57 大庆市生态文明建设公众满意度总体分析结果

191

(六)鸡西市生态文明建设公众满意度总体分析结果

统计结果显示,鸡西市居民对本地生态文明建设是比较满意的,满意度占比在 45% 左右,不满意占比仅有 8% 左右。在走访过程中,居民表示,鸡西市政府出台了垃圾分类政策,推进了垃圾分类工作,而且迁除市区重度污染企业,整改棚户区等措施,使当地生态环境有了很大改善。饮用水方面,水源由原来的穆棱河改为兴凯湖,饮水质量得到了提升。对当地政府生态文明建设各个方面工作都给予了较高的评价。具体情况如图 6-58 所示:

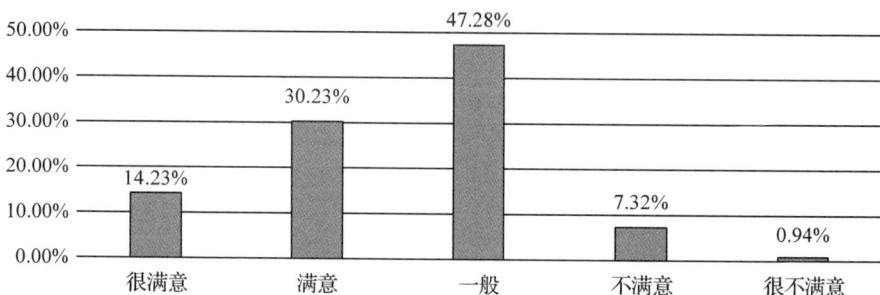

图 6-58 鸡西市生态文明建设公众满意度总体分析结果

(七)双鸭山市生态文明建设公众满意度总体分析结果

统计结果显示,双鸭山市居民对本地生态文明建设满意度持中间态度,认为一般的占比在 45% 左右。在实地调研过程中,居民反映当然空气质量十分不理想,饮用水中有杂质和沉淀,对政府生态文明建设工作的满意度不是很高。具体情况如图 6-59 所示:

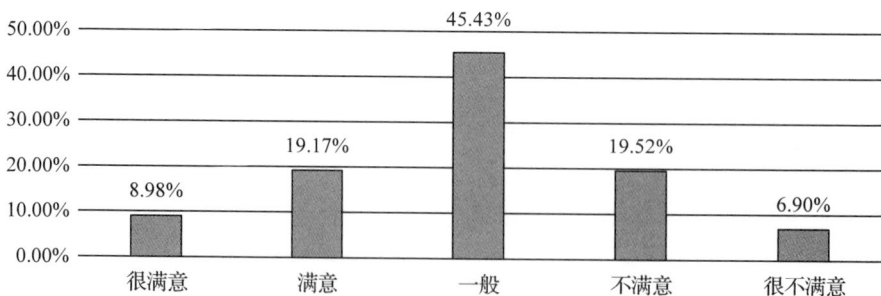

图 6-59 双鸭山市生态文明建设公众满意度总体分析结果

(八)伊春市生态文明建设公众满意度总体分析结果

统计结果显示,伊春市居民对本地的生态文明建设是比较满意的,满意度占比高达57%左右。居民对空气质量，水质量和生活环境的改善都是比较认可的。

伊春市政府在生态文明建设方面十分重视，也取得了很大的成绩。具体情况如图 6-60 所示：

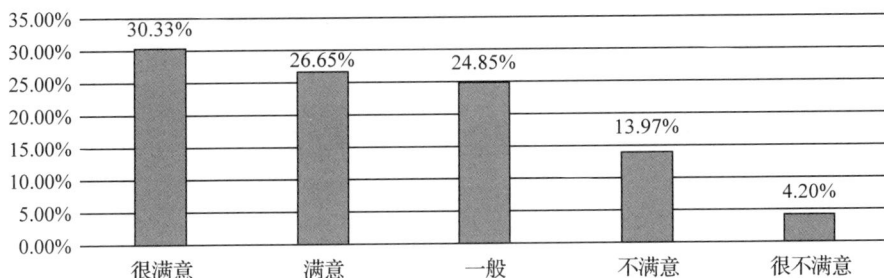

图 6-60　伊春市生态文明建设公众满意度总体分析结果

(九)七台河市生态文明建设公众满意度总体分析结果

统计结果显示，七台河市生态文明建设公众满意度比较持中。居民对本市的市容市貌、噪声处理是比较满意的，认为引用水的质量、垃圾处理、便民环保设施的配备等方面表示有待加强。居民认为七台河政府对生态文明建设是非常重视的，而且也取得了一些成绩。具体情况如图 6-61 所示：

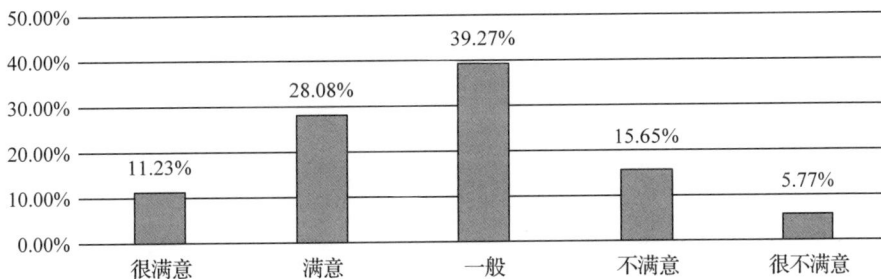

图 6-61　七台河市生态文明建设公众满意度总体分析结果

(十)鹤岗市生态文明建设公众满意度总体分析结果

统计结果显示，鹤岗市居民对本地生态文明建设公众满意度是持中的，认为一般的占比在40%左右。居民对本地的水质量，尤其是对于江河湖泊治理表示不满意，认为生活环境有待改善。对政府生态文明建设工作总体是满意的，但希望政府能够加大生态文明建设的力度。具体情况如图 6 62 所示：

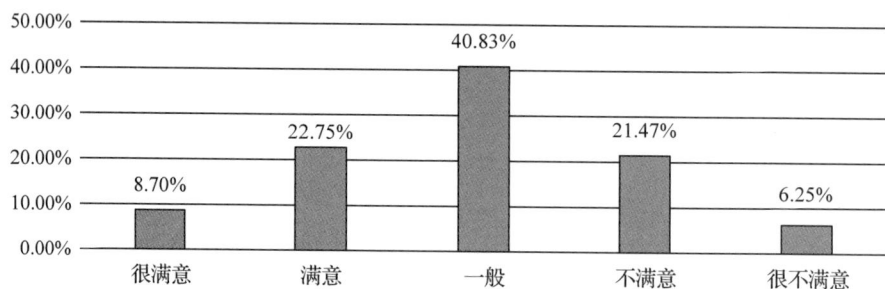

图6-62　鹤岗市生态文明建设公众满意度总体分析结果

（十一）黑河市生态文明建设公众满意度总体分析结果

统计结果显示，黑河市居民对本地生态文明建设公众满意度是非常高的，满意度占比高达57%，居民对本地的空气质量、生活环境和政府生态文明建设工作等，都表示非常满意。具体情况如图6-63所示：

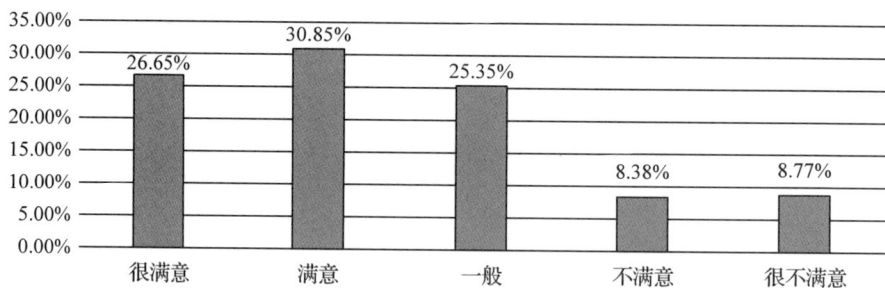

图6-63　黑河市生态文明建设公众满意度总体分析结果

（十二）绥化市生态文明建设公众满意度总体分析结果

统计结果显示，绥化市生态文明建设公众满意度较高，满意度占比在47%左右。居民对空气质量、水质量、生活环境都是比较认可的。对本地政府生态文明建设工作总体也是较为满意。具体情况如图6-64所示：

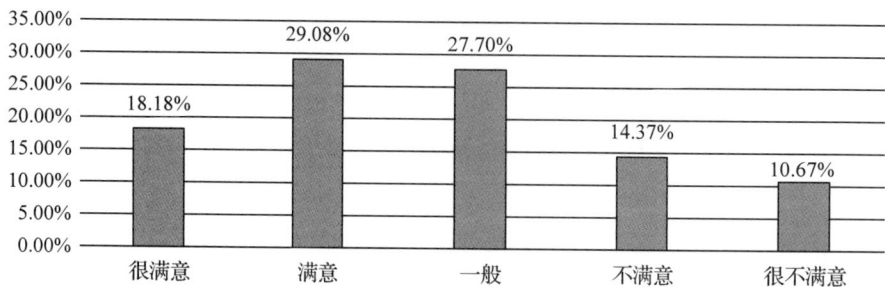

图6-64　绥化市生态文明建设公众满意度总体分析结果

(十三)大兴安岭地区生态文明建设公众满意度总体分析结果

统计结果显示，大兴安岭地区生态文明建设公众满意度非常高，满意度占比达到65%左右，不满意占比只有9%左右。居民对本地区的空气质量、水质量都非常满意。大兴安岭地区，植被较多，生态环境也非常好。居民表示希望能够增加一些便民环保设施。具体情况如图6-65所示：

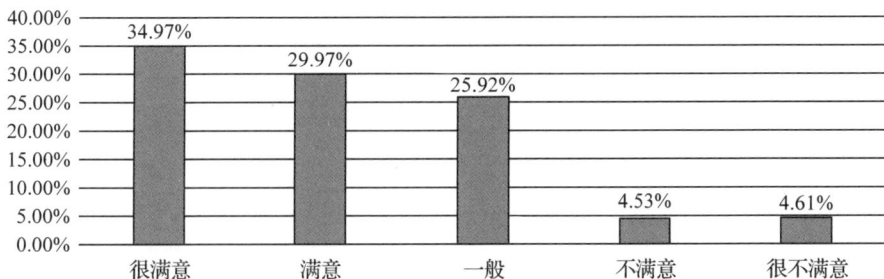

图 6-65　大兴安岭地区生态文明建设公众满意度总体分析结果

第三节　公众满意度对比分析

(一)黑龙江省各地市生态文明建设公众满意度情况

根据对黑龙江省各地市生态文明建设的二级指标进行分析，现已得出黑龙江省13个地市生态文明建设公众满意度的5个等级的百分比。具体情况如表6-1所示：

表 6-1　各地市生态文明建设公众满意度情况

序号	地市	很满意	满意	一般	不满意	很不满意
1	哈尔滨	23.30%	25.25%	26.75%	16.45%	8.25%
2	齐齐哈尔	8.13%	33.02%	46.77%	11.08%	1.00%
3	牡丹江	13.50%	30.96%	43.33%	9.97%	2.24%
4	佳木斯	6.08%	22.58%	49.10%	18.42%	3.82%
5	大庆	4.87%	26.47%	51.28%	14.98%	2.40%
6	鸡西	14.23%	30.23%	47.28%	7.32%	0.94%
7	双鸭山	8.98%	19.17%	45.43%	19.52%	6.90%
8	伊春	30.33%	26.65%	24.85%	13.97%	4.20%
9	七台河	11.23%	28.08%	39.27%	15.65%	5.77%

（续）

序号	地市	很满意	满意	一般	不满意	很不满意
10	鹤岗	8.70%	22.75%	40.83%	21.47%	6.25%
11	黑河	26.65%	30.85%	25.35%	8.38%	8.77%
12	绥化	18.18%	29.08%	27.70%	14.37%	10.67%
13	大兴安岭	34.97%	29.97%	25.92%	4.53%	4.61%

（二）黑龙江省各地市生态文明建设公众满意度排序

为了对黑龙江省各地市生态文明建设公众满意度进行对比，采用了科学的分析方法，方法如下：

首先将生态文明建设公众满意度评价的5个等级选项进行赋值，即将"很满意"赋值为10分，"满意"赋值为8分，"一般"赋值为6分，"不满意"赋值为3分，"很不满意"赋值为0分。

生态文明建设公众满意度的计算公式是：满意度＝"很满意"比例×10＋"满意"比例×8＋"一般"比例×6＋"不满意"比例×3＋"很不满意"比例×0。通过分析，得出了黑龙江省各地市生态文明建设公众满意度的汇总情况、排序情况，并与2018年的黑龙江省各地市生态文明建设公众满意度进行了对比。具体情况如表6-2，表6-3所示：

表6-2　黑龙江省各地市生态文明建设公众满意度汇总表

排序	地市	满意度（2019年）	满意度（2018年）
1	哈尔滨	6.45	6.70
2	齐齐哈尔	6.59	6.28
3	牡丹江	6.73	6.88
4	佳木斯	5.91	6.73
5	大庆	6.13	5.52
6	鸡西	6.90	5.84
7	双鸭山	5.74	6.60
8	伊春	7.08	7.30
9	七台河	6.20	6.63
10	鹤岗	5.78	7.34
11	黑河	6.91	8.28
12	绥化	6.24	6.19
13	大兴安岭	7.59	7.79
合计	—	84.25	88.08

表 6-3　黑龙江省各地市生态文明建设公众满意度排序表

排序（2019 年）	地市	满意度	排序（2018 年）	地市	满意度
1	大兴安岭	7.59	1	黑河	8.28
2	伊春	7.08	2	大兴安岭	7.79
3	黑河	6.91	3	鹤岗	7.34
4	鸡西	6.90	4	伊春	7.30
5	牡丹江	6.73	5	牡丹江	6.88
6	齐齐哈尔	6.59	6	佳木斯	6.73
7	哈尔滨	6.45	7	哈尔滨	6.70
8	绥化	6.24	8	七台河	6.63
9	七台河	6.20	9	双鸭山	6.60
10	大庆	6.13	10	齐齐哈尔	6.28
11	佳木斯	5.91	11	绥化	6.19
12	鹤岗	5.78	12	鸡西	5.84
13	双鸭山	5.74	13	大庆	5.52

通过对 2019 年与 2018 年两个年度的黑龙江省各地市生态文明建设公众满意度进行对比，得出的结论是：黑龙江生态文明建设公众满意度呈下降状态，2018 年的满意度总分是 88.08 分，2019 年的满意度总分是 84.24 分，下降了 3.84 分。黑龙江生态文明建设工作，需要进一步提升。从各地市两个年度的对比来看，大兴安岭地区、黑河市、伊春市、牡丹江市的公众满意度比较稳定。鸡西市的生态文明建设公众满意度有较大幅度的提升，2018 年得分是 5.84，排名第 12 位，2019 年得分是 6.90，排名第 4 位。鹤岗市的生态文明建设公众满意度有较大幅度的下滑，2018 年得分是 7.34，排名是第 3 位，2019 年得分是 5.78，排名是第 12 位。

齐齐哈尔市、绥化市、大庆市的生态文明建设公众满意度有提升，佳木斯市和双鸭山市有下降。哈尔滨市、七台河市的生态文明建设公众满意度比较平稳。

第四节　提高各地市公众满意度的对策建议

党的十八大以来，以习近平同志为核心的党中央高度重视社会主义生态文明建设，坚持把生态文明建设作为统筹推进"五位一体"总体布局和协调推进"四个全面"战略布局的重要内容，坚持节约资源和保护环境的基本国策，坚持绿色发展，把生态文明建设融入经济建设、政治建设、文化建设、社会建设各方面和全过程，加大生态环境保护建设力度，推动生态文明建设在重点突破中实现整体推进。

黑龙江省是生态大省，是中国北方重要的生态屏障，具有推动可持续发展的战略性优势。黑龙江省长期以来，一直都非常重视生态文明建设。通过对黑龙江省生态文明建设公众满意度的持续性调查研究，了解黑龙江省人民对生态文明建设的满意度和获得感。通过各地市生态文明建设公众满意度的对比，以及对不同年份的数据进行对比，能够比较直观地反应黑龙江省整体及其各地市生态文明建设的情况，为推动黑龙江省生态文明建设提供有益的参考和借鉴。根据黑龙江省生态文明建设公众满意度实地调研和综合分析结果，对黑龙江省生态文明建设的对策和建议如下：

一、持续推进生态文明建设工作

生态文明建设是一项系统工程，需要付出长期不懈的努力，必须从战略和全局的高度出发，立足本地，切实解决自身生态文明建设中存在的各类问题。从 2018 年和 2019 年两个年度，黑龙江省整体和 13 个地市的生态文明建设公众满意度的情况来看，黑龙江省的生态文明建设取得了较好的成绩，但也存在一些问题。首先，2019 年度的生态文明建设公众满意度，比 2018 年度的成绩下滑了 3.84 分。黑龙江省的生态文明建设工作，需要进一步加强，保证可持续发展。通过两个年度的对比，一些地市的生态文明建设公众满意度是比较平稳的，一些地市的生态文明建设公众满意度变化的幅度比较大。各地市应该根据自身的实际情况，找差距，补短板，从思想认识、统筹规划、资金投入、治理方法等方面，加大生态文明建设的工作力度，不断推进生态文明建设，使生态文明建设公众满意度不断提升。

二、加强生态文明建设的保障措施

黑龙江省各级党委、政府要深刻认识生态文明建设的重要性，加强领导，统筹推进，将生态文明建设纳入经济社会发展总体规划，确保生态文明建设与经济建设、政治建设、文化建设、社会建设共同部署、推进和落实。为确保生态文明建设工作有序开展，要强化协调，形成合力，推进全省生态文明建设的协调机制，统筹推进生态文明建设工作。要因地制宜，科学规划。各地市的生态文明建设工作不能一刀切，要充分考虑资源环境禀赋、主体功能定位等要素条件，积极探索适合本地市的有效路径。同时，明确责任，强化落实。建立健全生态文明建设责任制，把生态文明建设各项任务落实到实处。各级党委、政府督查部门要把生态文明建设工作落实情况纳入重大事项督查范围，加强日常督查和重点督查，保证全面完成全省生态文明建设目标任务。

三、正确处理资源开发与环境保护的关系

要深入贯彻党的十九大精神，牢固树立和践行绿水青山就是金山银山的理念，坚持以改善环境质量为核心，不断满足人民日益增长的美好生活需要。坚持在保护中开发，在开发中保护。经济发展必须遵循自然规律，承载能力，绝不允许以牺牲生态环境为代价，换取眼前的和局部的经济利益。坚持谁开发谁保护，谁破坏谁恢复，谁使用谁付费制度。要明确生态环境保护的权、责、利，充分运用法律、经济、行政和技术手段保护生态环境。如果环境负载超过了生态系统所能承受的极限，就可能导致生态系统的弱化或衰竭。生态环境保护和经济发展不是矛盾对立的关系，而是辩证统一的关系。生态环境保护的成败归根到底取决于经济结构和经济发展方式。要坚持在发展中保护、在保护中发展，不能把生态环境保护和经济发展割裂开来，更不能对立起来。正确把握生态环境保护和经济发展的关系，探索协同推进生态优先和绿色发展新路子。

四、加大环境保护与治理的力度

两个年度的调查结果显示，各地市的居民在对生活环境改善的满意度普遍偏低，认为一般的满意度占比较大，例如，齐齐哈尔市是46.91%，大庆市是46.67%，鹤岗市是47.25%。在实地调研走访的过程中，大多数居民对生活垃圾集中处理、生活垃圾收集设施和分类处理表示不满意。希望政府能够加大生态文明建设工作的投入力度，切实解决生态文明建设的硬件设施，为居民的生活提供物质保障。同时，一些地市的居民对饮用水质量，江河湖泊的水质，也特别关心。很多地市的居民对水质量的满意度认为一般的占比较高。比如，佳木斯市是47%，大庆市是58.75%，双鸭山市是55.50%，实地调研中，双鸭山市居民反映日常的饮用水中会有大量的杂质和沉淀，水龙头中流出来的水有浓重的铁锈味。希望政府能够根据本地市的实际情况，因地制宜，保障饮用水质量，确保饮用水安全。

参考文献

1. 刘经伟，刘伟杰. 2018黑龙江省生态文明建设发展报告[M]. 北京：中国林业出版社，2020：3.

2. 习近平. 习近平谈治国理政(第三卷)[M]. 北京：外文出版社，2020：366.

3. 刘伟杰，师海娟. 公众参与生态文明建设路径探赜[J]. 生态经济，2019(11)：217-221.

4. 刘经伟. 加快建设美丽龙江和生态强省[N]. 黑龙江日报，2020-07-18(003).

　　《2019黑龙江省生态文明建设发展报告》由黑龙江省生态文明建设与绿色发展智库首席专家、东北林业大学刘经伟教授总体设计、策划统筹，刘伟杰副教授协助统稿。第一部分黑龙江省各地市生态文明建设总体评价，执笔人刘伟杰。第二部分第一章各地市生态资源利用情况，执笔人张舒；第二章各地市生态环境保护情况，执笔人王晶；第三章各地市政府生态文明重视程度，执笔人郭岩；第四章各地市生态文明教育情况，执笔人张博；第五章各地市生态文明建设公众参与情况，执笔人董丽娇；第六章各地市生态文明建设公众满意度，执笔人林美群。

　　为获取第一手资料，黑龙江省生态文明建设与绿色发展智库组织了七支调研团队，分赴黑龙江省各地市进行生态文明建设情况调研，为研究的顺利开展提供了数据支持。

　　佳木斯市-鹤岗市调研队，队长是外国语学院2017级英语专业本科生褚金芝，指导教师是外国语学院熊辉，团队成员包括外国语学院2017级英语专业本科生魏敬远、孙伊茗、马振博、佘海星，外国语学院2016级英语专业本科生陈雪燕。

　　大庆市-齐齐哈尔市调研队，队长是马克思主义学院思想政治教育专业2018级硕士研究生马鑫，指导教师是马克思主义学院王晶，团队成员包括文法学院2016级政治学与行政学专业本科生石欣怡、马克思主义学院思想政治教育专业2017级硕士研究生王璐。

　　伊春市-哈尔滨市调研队，队长是园林学院风景园林专业2017级本科生赵伟，指导教师是园林学院吴晓红、马克思主义学院林美群，团队成员是园林学院园林专业顾海成。

　　牡丹江市-鸡西市调研队，队长是野生动物与自然保护地学院野生动物与自然保护区管理专业 2017 级本科生袁立成，指导老师是马克思学院刘经伟，团队成员包括野生动物与自然保护地学院野生动物与自然保护区管理专业 2017 级本科生张爽、张雅静、康鑫虎及 2018 级本科生张诗珮。

黑河市-绥化市调研队，队长是马克思主义学院思想政治教育专业 2017 级硕士研究生戴钰，指导教师是马克思主义学院刘伟杰，团队成员包括马克思主义学院 2018 级硕士研究生马弟远，2017 级硕士研究生杨金焓、刘师言。

大兴安岭调研队，队长是信息与计算机工程学院计算机科学与技术 2018 级本科生苏丽丽，指导教师是信息与计算机工程学院庄雯培、马克思主义学院李铁英，团队成员包括计算机科学与技术 2018 级孟奇、曲镜达。

七台河市—双鸭山市调研队，队长是交通学院交通运输类 2018 级本科生贺旭天，指导教师是马克思主义学院李铁英、杨思琦，团队成员包括交通运输类 2018 级石智恒、周欢。

本成果支持项目：

中央高校科研业务费科技平台持续发展专项"黑龙江省城市生态文明建设发展评价研究"（项目编号：2572018CP02）。

后　记